# 把眼前的苟且，活成将来的
# 热血

李 扬◎著

人如果没有梦想，那跟咸鱼有什么区别？

台海出版社

图书在版编目(CIP)数据

把眼前的苟且,活成将来的热血 / 李扬著. — 北京:
台海出版社, 2017.11

ISBN 978-7-5168-1590-8

Ⅰ.①把… Ⅱ.①李… Ⅲ.①成功心理–通俗读物
Ⅳ.①B848.4–49

中国版本图书馆 CIP 数据核字 (2017) 第 241899 号

## 把眼前的苟且,活成将来的热血

著　　者:李　扬
责任编辑:王　萍
装帧设计:芒　果　　　　　版式设计:通联图文
责任校对:王　杰　　　　　责任印制:蔡　旭
出版发行:台海出版社
地　　址:北京市东城区景山东街 20 号　　邮政编码:100009
电　　话:010-64041652(发行,邮购)
传　　真:010-84045799(总编室)
网　　址:www.taimeng.org.cn/thcbs/default.htm
E - mail:thcbs@126.com

经　　销:全国各地新华书店
印　　刷:北京鑫瑞兴印刷有限公司
本书如有破损、缺页、装订错误,请与本社联系调换

开　　本:880mm×1230 mm　　　　1/32
字　　数:180 千字　　　　　　　印　张:8
版　　次:2017 年 11 月第 1 版　　印　次:2017 年 11 月第 1 次印刷
书　　号:ISBN 978-7-5168-1590-8
定　　价:38.00 元

# 前 言 | PREFACE

你说别人比你挣得多，比你过得好，比你好看，别人比你幸运。

于是你愤愤地在朋友圈里写下了"生活不只眼前的苟且，还有诗和远方"。

然后你发誓，要多读书，努力充电，以此来升职加薪，可是一本本的专业书买回来，顶多是拍个照片，配几句鸡汤文字，以示自己在努力学习。

然后你又把自己的头像，改成"不瘦十斤不换头像"的图，但，你一看到好吃的心里就小鹿乱撞，于是周末和闺蜜又去大吃大喝，再配了几张图片，文字是"吃完这顿再减肥"。

……

你一直这样重复着一天又一天。你也知道，人生是自己的，就这么短、这么长，要做的事很多，要遇见的人还在路上走着。所以，你每次都是发誓身体和灵魂，总要有一个在路上。可一想到去远方的路途遥远，你最终，还是选择了得过且过。

你说这个世界不顺心的事情太多太多，你说生活有时候逼得你不得不苟且以对，不喜欢的工作，不喜欢的人，被忽略、被误解、被欺骗……

你妥协了，你拿"假情怀"和"爱自己"来自我安慰，获得一次次精神上的胜利。你安慰自己平凡可贵。

于是，在他人的建议中，在自我的胆怯中，那些安逸就这样贯穿于你的青春年华。时间一长，连你自己都这样认为自己就此碌碌无为，麻木平庸了。

但，我想提醒你的是，现实并非你希望的样子。这个世界肯定会有很多不顺心的时候，可又能怎样？为什么你不对它们说一句："那都不是事！"然后，继续努力做好自己的事情。

因为，当你给压力、责任、负担这些东西穿上一件叫"苟且"的外衣时，你就会感到前所未有的舒服。

只有，当你努力不足、能力不够时，你才会说"别这么拼，八十分可以啦"，"算了吧，我也无所谓"……

当然，如果你愿意苟且，愿意得过且过，那是你的选择，但是，一旦你选择了碌碌无为，一旦你安慰自己平庸可贵，那么，你就永远没资格对这个世界指手画脚，就永远不要抱怨这个世界的不公平！就永远不要责怪为什么别人都比你过得好！

你会慢慢发现，人呐，真得靠自己努力、自己争气，一旦你做出些成绩来了，全世界都会对你和颜悦色。别晃着晃着，把青春晃完，走一路让记忆留一路。

若你努力不够，别拿苟且的情怀，来滥竽充数。

换句话说，平庸或者卓越，都是经由你允许了才发生的。

对每一个总是与理想的生活擦肩而过的成年人来说，这是一本极度实用、无法拒绝的人生指导书。书中切实可行的人生规划将大大惠及你的人生，而且让你不断、不断地警示自己——本书告诉千万年轻人，不要给自己的人生设限，也不要对自己失去信心！

你本身所具有的强大潜能，现在还远远没有发挥出来。你现在还远没有达到你的极限，别再自我矫情。把眼前的苟且，活成未来的热血吧！

# 目 录 | CONTENTS

**第一章　别说生活不容易，你不过是吃了得过且过的亏**　　1

1. 你要选择适合的，而不是最好的　　2

2. 不能一飞冲天，为什么不循序渐进？　　6

3. "专"和"恒"两个字，你有么？　　9

4. 不是路到了尽头，而是你随时要做好转弯的准备　14

5. 信念是血液里永恒的激情　　17

6. 半途而废，有时候是因为你一条路走到黑　　21

7. 脚踏实地，别指望不劳而获　　25

**第二章　愿有勇气去热爱，愿有激情去冒险**　　33

1. 我们必须去做自以为办不到的事　　34

2. 别只盯着三天以后的事情，多想想三年以后的自己　37

3. 有机会要上，没有机会要自己创造机会上　　40

4. 你之所以平庸麻木，是因为压力太小　　43

5. 恭喜你，有问题就代表着有希望　　47

6. 理性的冒险，不是冲动的冒进　　50

7. 那些成功的人，都是因为"不满足"　　53

**第三章　想活成你理想的样子，就请先看清楚你现在的样子　57**

1.赤裸裸地看透你自己　58

2.不理睬那个谁谁谁在说你……　62

3.任何一样东西，都可能是"甲之砒霜，乙之熊掌"　66

4.找到自己智能的最佳点　69

5.学他人之长补己之短　72

6.偏离主体优势的人，注定一事无成　76

**第四章　人生路上的每次失去，都能照亮你的生命　79**

1.不能改变过去，但可以利用今天　80

2.相信"我能"，突破自我设限　84

3.可以输掉几场竞赛，却不能输掉自信　87

4.说"难"前，先问自己是否竭尽全力　91

5.做个自己拿主意的人　94

6.提高你的逆境商数　98

7.领先一步，多做一点　100

**第五章　少为眼前的生活苟且，多为热血的生命奋斗　105**

1.适当放弃一些固执，才能柳暗花明　106

2.以退为进是人生的要求，以舍求得是人生的智慧　110

3.战胜患得患失，不怕输才能更好地赢　114

4.原谅别人不容易，但恨别人只会更难　118

5.嫉妒是人生最大的隐形威胁　121

6.与其过度思考未来，不如努力做好当下　　124

7.要"有所为"，更要"有所不为"　　128

| 第六章　你以为是重在参与，但总有人比你会拼巧劲 | 133 |

1.让脑筋转个弯，哪怕只是个小弧度即可　　134

2.借用别人的指点，但谢绝别人的"指指点点"　　137

3.若此招不行，请赶快换招　　141

4.总有人要吃亏，就看你怎么吃　　144

5.有荣耀不独享，有功劳不独吞　　150

6.你弱爆了，才会当时忍不住　　153

7.靠谱比能力更重要　　155

| 第七章　收起你的玻璃心，请待工作如初恋 | 161 |

1.你最大的优势就是工作的激情　　162

2.让问题到你为止　　166

3.看到薪酬背后的成长机会　　170

4.不管你在哪工作，别一下班就赶紧回家　　175

5.节约一分钱，等于为公司赚了一分钱　　179

6.有时候不是职场不公平，是你不够成熟　　183

7.拥有最纯粹的忠诚　　187

**第八章　打造一款专属于你的人生APP** 　193

　1.你要有一套属于自己的价值观 　194

　2.想做大事，就得培养双赢观 　196

　3.要学会从多个角度看问题，更要学会抓住一个

　　最适合你的角度 　200

　4.别答应你无法兑现的事 　203

　5.你曾失去过你的责任感吗? 　207

　6.有没有成绩，做人都不能骄傲 　210

　7.低调很累? 但是高调会死得很惨 　212


**第九章　在最能拼搏的年纪，你怎么好意思甘心平庸** 　217

　1.勤奋这所学校，你毕业了吗? 　218

　2.一毕业才知，一世你也要学习 　222

　3.急于求成，只会适得其反 　226

　4.小事不一定就真的小，大事不一定就真的大 　229

　5.荣辱皆不惊，得失不计较 　234

　6.天赋这东西，和年纪无关，只和心态有关 　238

# 第一章

别说生活不容易，
你不过是吃了得过且过的亏

# 1.你要选择适合的，而不是最好的

人的一生，目标对于自我的定位，就像空气对生命一样重要。目标不但是你追求理想的最终结果，而且它在你整个的人生旅途中有着非常重要的作用。

1953年，美国耶鲁大学对毕业的学生进行了调查，主要是对有关人生目标的调查。研究人员向参与调查的学生们问了这样一个问题："你们有人生目标吗？"对这个问题的回答，只有10%的学生确认他们有明确的目标。

接着，研究人员又对这些学生问了第二个问题："如果你们有目标，那么，你们是否把自己的目标写下来呢？"这次，只有3%的学生给出了肯定的答案。

20年以后，耶鲁大学的研究人员在世界各地追访当年参与调查的学生，他们发现，当年白纸黑字把自己的人生目标写下来的那些毕业生，无论从生活水平还是从事业发展来看，都远远超过那些没有这样做的同龄人。余下的97%人的财富的总和竟然还没有这3%的人多。

由此可知，给自己制订一个适合自己的目标，选择适合自己的目标努力奋斗是非常重要的。

# 第一章

在人的一生中，给自己定的目标一定要合适，应该选择适合的，而不是选择最好的。否则，将永远会挣扎于不满意的情绪之中。

务实的人都会为自己树立一个能够实现的目标。因为他们懂得，如果把目标定得过高，不但会使自己无法脚踏实地地做事，而且也发挥不出目标的激励作用。因为当人们付出努力以后，仍旧无法实现目标时，人们容易产生挫折感，容易灰心和懈怠。

小张自从上班的那天起，就为自己确定了奋斗目标：先做一名比尔·盖茨式的企业家，然后再从政，成为一名政治家。为了实现自己的人生抱负，小张只喜欢接手一些有难度、有挑战性的工作而不屑于干一般的事务，但他的现有能力又做不好这些，最后不到半年就被老板解雇了。

与小张不同，小李进入公司的第一天，就为自己定下了一个目标：用两年的时间当上部门经理。从那天起，"部门经理"就像一面旗帜激励着他。他每一天都是按部门经理的身份来要求自己。目标真是一个奇妙的东西，它使小李每天都被工作的激情驱使着。虽然这样工作起来有些累，但劳累过后，回头看看自己的业绩，觉得再苦再累也是值得的。

结果小李只用一年的时间，就被提拔到了主管的岗位。从此以后他更加努力地工作。他的工作能力和工作业绩得到了公司总裁的肯定，在当上主管后不到半年，他就被提拔为部门经理，成为公司里最年轻、升职最快的部门经理。

分析一下小张失败的原因：小张因为好高骛远，在确立目标的时候，没有认真分析自身素质和所处的环境，制订了一个不切合自身实际的目标。而小李又为什么能从普通职员，迅速升为主管又任部门经理？他除了有一个随时鞭策自己的目标外，还有一个最重要的原因就是，他为自己设定的目标是可以实现的，是符合实际的。

一个人制订的目标如果不切实际，与自身条件相差甚远，那就成了一种幻想，想要完成是很困难的，像小张一进入公司就梦想自己能成为比尔·盖茨。制订一个无法实现的目标，还不如没有目标，因为最起码可以少受一些挫折！

在我们的现实生活中，如不了解自己，目标制订得越大，挫折感也就越大。也许你该放弃那些大而美丽的目标，选择一个你力所能及的目标了。期望着遥不可及的事物，不如把宏大的计划分成几段，从容易的着手，为达到自己的目标而一步一步地努力着。

为自己确定目标，既要有一定高度，也要有可行性，总之，一定要适合自己。目标短小，人往往会被眼前的利益左右，迈不开前进的步子；目标过于远大，容易心情浮躁，常常会被轻微的挫折所打击，极有可能会导致失败。为一个不可能达到的目标而花费精力，也就等于浪费生命。

曾有位民间诗人写过这样一段文字：

小时候，我想改变宇宙，但不行；

上小学时，我想改变世界，也不行；

大学的时候,我想改变国家,还是不行;

有了工作,我想改变自己的城市,依然不行;

老了,我试图改变自己的家人,但他们都不听……

初看这段文字,大家都觉得好笑,但笑过后,得好好考虑其中包含的哲理:给自己制订目标要切合自身实际,在自己的能力范围之内。其实,如果在小的时候改变一下自己的思路,那么现在说不定就可以改变家人,改变城市,改变国家,甚至改变世界。这段文字告诉我们,目标不要制订得太大,如果目标太大,到头来可能是一事无成,两手空空,而且还浪费时间。

目标不能太远大,也不能过小。过小的目标是不相信自己的表现,是妄自菲薄;过大的目标则是一种狂妄。如果目标太小,那我们制订这个目标还有什么意义呢?只能在自己的"成就感"中使自己的能力一点点减退,长此下去,将满足现状、停滞不前。但是,如果为自己制订过大的目标,我们也只能是徒劳。这样下去,便会情绪低落、丧失信心。所以,制订目标之前,首先要了解自己,合理而准确地给自己定位。

## 2.不能一飞冲天，为什么不循序渐进？

　　当你有一个大目标时，一下子实现并不是那么容易，所以你要化整为零，将大目标分解为小目标。这样把一个个小目标实现了，那么离大目标也就越来越近了。

　　制订了目标，是不是就一定万事大吉了呢？俄国著名作家列夫·托尔斯泰曾给自己确定了一个生活的准则，他强调"人活着要有生活的目标：一辈子的目标，一段时间的目标，一个阶段的目标，一年的目标，一个月的目标，一个星期的目标，一天、一小时、一分钟的目标"。有了目标，我们还要为实现目标做计划。也就是说，把大目标分解为一个个具体可行的小目标，每天都努力地向目标靠近，哪怕每天靠近一点点，也不要将自己的目标束之高阁。比如一个人，他的人生目标是做一位有名的骨科医生，为所有骨科患者服务。现在看来这个目标或许太大，无法实际操作，因此还要进一步分解。他的目标可以这样分解：高中每学年的目标，初中每学年的目标，每学期的目标，每个月的目标，每天的目标，将大目标变成了每天都可以操作实践的小目标，这样就可以使人坚持不懈地督促自己。当然，不同的目标有不同的分解方法。之所以这样做，是为了保证目标的连续性和可操作性。只有每个小目标实现了，你的大目标才有可能变为现实。千万要记住不要"好高骛远"。

另外在制订目标时一定要切合自己的实际情况。如果你好高骛远,所制订的目标无法实现,那就毫无价值了。

1984年,在东京国际马拉松邀请赛中,名不见经传的日本选手儿玉泰介出人意外地夺得了世界冠军。当有人问他凭什么取得如此惊人的成绩时,他说了这么一句话:凭智慧战胜对手。

当时许多人都认为这个偶然跑了第一的矮个子选手是在故弄玄虚。许多人都认为马拉松赛是考验体力和耐力的运动,只要身体素质好又有耐性就会有望夺冠,爆发力和速度都还在其次,说用智慧取胜确实有点让人产生怀疑。

两年后,意大利国际马拉松邀请赛在意大利北部城市米兰举行,儿玉泰介代表日本参加比赛。这一次,他又获得了世界冠军。有人又问他有什么秘诀。

儿玉泰介性情木讷,不善言谈,回答的仍是上次那句话:用智慧战胜对手。10年之后,这个谜底终于揭开。

在他的自传中是他是这样写的:每次比赛之前,我都要乘车把比赛的线路仔细地看一遍,并把沿途比较醒目的标志画下来,比如第一个标志是银行;第二个标志是一棵大树;第三个标志是一座红房子……这样一直画到赛程的终点。比赛开始后,我就以百米的速度奋力地向第一个目标冲去,等到达第一个目标后,我又以同样的速度向第二个目标冲去。40多公里的赛程,就被我分解成这么几个小目标轻松地跑完了。起初,我并不懂这样的道理,我把我的目标定在40多公里外终点线上的那面旗帜上，结果我跑到十几公里时就疲惫不堪了，我被前面那段遥远的路程给吓倒了。

可见他用的是分解目标这一智慧，这的确是一个很不错的方法。

有这样一则寓言：一只新组装好的小钟放在两只旧钟当中。两只旧钟"滴答""滴答"一分一秒地走着，其中一只旧钟对小钟说："来吧，你也该工作了，可是我有点担心，你走完3300万次后，恐怕便吃不消了。"

"天哪，3300万次！"小钟吃惊不已，"要我做这么大的事？办不到，我办不到。"它非常失落地站着。

另一只旧钟见了说："别听它胡说八道，不用害怕，你只要每秒钟'滴答'摆一下就行了。"

"天下还有这样简单的事？"小钟高兴地叫起来，"如果这样做，那就容易多了。好，我现在就开始。"小钟很轻松地每秒钟"滴答"摆一下，不知不觉中，一年过去了，它摆了3300万次。

在一个大目标面前，或许我们觉得我们根本无法实现目标，常常会因为目标的遥远和艰辛感到气馁、胆怯，甚至怀疑自己的能力。而在一个小目标面前我们却往往充满信心地完成，有些急功近利的人，一开始就给自己定下大目标。天长日久，当他发现目标离自己仍很远时，就会因为自卑而放弃一如既往的努力，其实，我们可以把每个大目标分割成无数个我们可以实现的小目标，当你认认真真做好了每一件事，实现了每个小目标，大目标的实现也就离你不远了。

在人生的道路上，每一个人最初之时都有远大的目标，可是，最终实现的人有多少？半途而废丧失信心的人又有多少？

把大的目标分解，经常检查自己实现目标的状况，经常体验实现目标的快乐，用这样的方法，即使是遥远的马拉松，也可以跑得很轻松。

很多时候，我们之所以感到困难不可逾越，成功无法企及，正是因为觉得目标离自己太过遥远而产生畏惧感。分段分时实现，不是容易得多吗？不能一飞冲天，循序渐进就好了。

# 3. "专"和"恒"两个字，你有么？

滴水之所以能够穿石，原因起码有二：一是它们目标专一，每一滴水都朝着同一方向，落在一个定点上；二是它们持之以恒，在漫长的岁月中，它们从未间断过这种努力。由此及彼，我们可以想到古今中外有成就的学者，在他们身上，都体现了"专""恒"二字。

某杂志上有这样一幅漫画：一个年轻人挖井找水，挖了有三四个深浅不一的坑没有出水，正准备挖新的"井"。画面下部的文字反映了他的心思：这下面没有水，再换个地方挖，还是没有水。而事实并非如此，如果他把"井"再深挖一些，就能到丰富的水源。

这幅画使人深思：青年找不到水，是因为他的目标不专一，不肯在一个地方持之以恒地挖下去，结果白费了气力。它告诉我们一个哲理：要想找到成功之源，除了肯花力气外，还要目标专一，持之以恒，坚持不懈。浅尝辄止者是不会成功的。

古代思想家荀况说过："锲而舍之，朽木不折；锲而不舍，金石可镂。"清代学者王国维曾总结了学习的三个境界。其一为志存高远："昨夜西风凋碧树，独上高楼，望断天涯路"；其二为持之以恒："衣带渐宽终不悔，为伊消得人憔悴"；其三为成功境界："蓦然回首，那人却在灯火阑珊处。"这些话都说明了目标专一和持之以恒是成功的必由之路。

许多成功的例子也都证明了这确是一条必经之路。我国数学家陈景润在少年时就立志摘下数学王国的宝石——哥德巴赫猜想。他勤奋钻研，光使用过的草稿纸就有几麻袋。艰难困苦，玉汝于成，他最终真的取得了重大成果。这样的例子真是俯拾皆是，举不胜举。

如果在学习或工作上浅尝辄止，没有固定目标，那么永远也不会成功，只能浪费时间，白花气力，到头来"空悲切"一场。记得有个相声曾讽刺这种人，他们这山望着那山高，今天想当画家，明天想当音乐家，后天又想当军事家，最后只能当待在家里空发议论的"坐家"。那漫画上的找水的年轻人，只要他回到原地继续挖完那些未完成的井，或者到新地方后持之以恒地挖下去，他就一定能找到水源。而在学习上、工作中，不管你是否犯过浅尝辄止的错误，只要你现在安下心来，认定一个正确的目标，专一而不懈地努力，你就一定会获得成功。科学路上无捷径，专一不懈见成功。

法国作家蒙田有句名言："灵魂如果没有确定的目标，它就会丧失自己，因为俗话说得好，无所不在等于无所在。"

还有这样一个故事：有一位农夫上山去砍柴，在出门前，却忽然发现脚上的草鞋很陈旧了，需要做双新的，于是就匆匆忙忙地搓绳打草鞋；终于把草鞋编好了，他又去检查斧锯，可是又发现斧子太钝，锯子也已经生锈了，于是他决定重新订购新的斧子和锯子；后来他又嫌新斧子的材质不好。终于等到他万事俱备准备出发时，没想到大雪已经封山。更可叹的是农夫没有抱怨自己的想法太多，而是抱怨自己的运气不够好。

其实这个农夫没有上山砍柴的原因不是客观原因，而是主观原因，也不在于他运气的好坏，而是他自己在确立目标时思考的方法不当。他原定的目标是在大雪封山之前完成砍柴的任务，鞋子的新与旧并不重要，斧子太钝、锯子已锈可以立即动手磨快，并不需要订购新的。

农夫由于偏离目标的思考和决定，偏离了重点，才导致了砍柴计划的落空。人生目标的追求与实现也是同样的道理。要做到防止偏离目标，首先在思路上要分清轻与重、缓与急，如果随意地胡乱瞎抓一气，结果只能是"事倍功半"，甚至是

"劳而无功"。其次，在决策上要抓住目标的根本去实施和完成，不能不分主次，甚至把力气都使用到次要方面，造成一事无成的局面。

中国历史上的治水英雄——大禹，他的成功正是对目标专注的最好的诠释。大禹三过家门而不入，历经13年身体劳苦和忧心积虑，终于成为中国历史上堪称楷模的治水英雄，流传至今。《史记》记载：大禹的治水行动感动了鬼神，在他的带领下，人们修通了九湖岸边的道路，测度了九山，使得水上可行船，陆地可行车，这些功绩正是他目标专一、身体力行的结果。

我们如果想做到目标专一，其实许多伟人都是很好的学习榜样，如美国著名作家海明威，他的作品以自然、清新和精练而享誉世界。"电报式"是对他那极为简洁的对话的美称，当别人问他简洁风格形成的秘诀时，他说："站着写。"这不是幽默，而是事实。

海明威解释这个写作习惯时说："我站着写，而且只用一只脚站着，采用这种姿势，使我处于一种紧张的状态，迫使我尽可能简短地表达我的思想。"他在多年的创作生涯中，艰苦地摸索，形成了自己独特文风。后来，他的《老人与海》被授予诺贝尔文学奖。在他获得了如此高的荣誉之后，他仍然一如既往，辛勤笔耕，且从不自满。他不止一次地说道："我要学习写作，当个学徒，一直到死。"

想培养以上所说的品质，也不是三两天能培养成的，它需要我们长期努力。老子《道德经》的生命力就在于揭示出深刻的辩证法思想,他的"合抱之木,生于毫末;九层之台,起于累土;千里之行,始于足下"的辩证思维,至今对于我们仍有着启迪的作用。他告诉我们:任何事情都是从微小处萌芽,都是从头开始的,只有知难而进,不断地努力才能获得成功。

只要目标专一而不三心二意,持之以恒而不半途而废,就一定能实现我们美好的理想。如果你给自己定的目标太多,就会迷失自我。

只要做事持之以恒,胜利就属于你。如果你做什么事都半途而废,那么你什么事也做不好,最后只能得到一个下场——一无所有。

最伟大的是水滴的力量,目标专一,旷日持久,却能穿透巨石。远大的理想和脚踏实地永远是不可分的。在梦想成真的道路上,既没有捷径,也没有"宝葫芦",只有目标专一,脚踏实地,才能达到光辉的顶点。让我们挂起理想的风帆,朝着目标脚踏实地,坚持不懈地前进吧!

## 4.不是路到了尽头，而是你随时要做好转弯的
## 准备

成功者的秘诀就是时时检视自己的人生目标，看它是否有偏差，并适时、合理地调整自己的目标，直至取得成功。

人生应该是一个不断奋斗、不断努力的发展过程。原有的目标实现了，这时候就需要制订新的目标，然后继续朝新的目标奋斗、努力、前进，也只有这样，人生才能不断前进，从这个成功迈向另外一个成功。

二战后的日本，经济大萧条，有两个年轻人靠着借来的527美元作资本，挂出了"东京通讯工业株式会社"的招牌，这就是当今日本乃至世界上最大的电子工业公司之一索尼公司的前身。在不到50年的岁月中，索尼公司由小变大，由弱变强，终于跃居日本电子制造业的榜首。

索尼公司的创始人盛田是一家酿酒厂老板的儿子。中学毕业后，他不顾父亲要他继承祖业的愿望，在上大学的时候选择了物理学专业，第二次世界大战中，他在海军服役，认识了专攻电器专业的井深。从此，两个年轻人成为患难之交，盛田和井深有一个共同的愿望，就是等打完仗后要把电子学和工程学结合起来用于消费品领域的生产。战争结束后，他们便迫不及待地办起了一家电子公司。

公司的条件十分简陋,每逢刮风下雨,屋里也下小雨,员工只能打着雨伞才能工作。由于资金十分缺乏,他们的电子公司最初只能靠修理收音机来维持公司业务的运转。但由于盛田和井深一开始就注意抓好质量关,因此他们的公司赢得了用户的信任,生意越做越好。

1949年的某一天,井深前往日本广播公司办事,在那里他偶然看到了一台美国制造的磁带录音机。井深不禁怦然心动,他马上意识到这种商品其中所蕴藏着的巨大潜力。回去之后,井深和盛田一商量,就决定调整自己公司的业务方向,买下这个生产专利。

以当时索尼公司的条件和技术力量,制造录音机并不是很难,但是当时在日本国内的市场是无法找到磁带的。所以,生产磁带是一件不容易攻克的难题,他们经过一年的努力,终于生产出自己的磁带和录音机。可惜的是,这种录音机的价格高得惊人,每台竟达到7万美元。经过盛田和井深的共同努力,大家连续进行十多天的智囊大会战,终于找到了降低成本的办法。

录音机的生产取得了成功,但盛田和井深并没有仅仅满足于此,他们又开始调整自己的发展目标,并盘算着经营另外一种新产品。

1952年,井深听说美国人发明了晶体管,他十分感兴趣,就立刻与盛田飞赴美国考察。到美国之后,恰好西电公司以25000美元的价格出售该项产品的生产专利权,他们当机立断,立刻决定将其买下。经过几个月的奋战,世界上第一台袖珍晶体管收音机在盛田和井深的公司里诞生了。由于晶体管的体积很小，以此生产制造的收音机可以装进口袋，所以，他们公司首批生产的200万台收音机一上市就被抢购一空，销售额正好是盛田和井深当初在美国购买专利所花费的100倍。

为了给这种袖珍收音机起个好名字，盛田和井深反复考虑，最后决定取拉丁文的"音（SONYS）"和英语中"可爱的孩子（SONNY）"之义，取名为SONY（索尼）。这个名字不但十分好记，而且还可以纪念他俩"一对小顽童"兄弟般的友谊。从此以后，"SONY（索尼）"的名称响遍了全世界。

目前，索尼公司已经发展成为拥有职工40多万人的大企业，销售10000多种不同类型的电子产品，年销售额高达50亿美元。

盛田和井深刚创办公司的时候，不过是想办个将电子学和工程学结合起来的消费品生产的小企业，而且一开始他们的公司主要业务就是修理收音机。但等到他们看到了进口的新产品即磁带录音机之后，就调整改变了他们的发展目标，等到取得成功之后他们又一次一次地调整自己的发展目标，后来的电视机等新的产品就是这样在调整发展目标中不断地被开发研制出来了。

可以说，索尼公司之所以能够在竞争异常激烈的电子市场上占据非常重要的地位，跟他们的领导人盛田和井深这种不断进取、不断调整自己的发展目标有着极大的关系。

## 5.信念是血液里永恒的激情

有人说：信念是人生的太阳，也是目标前进的动力。这话一点儿都不错。

在20世纪50年代早期美国南加州一个小小的城镇中，一个小女孩抱着一堆书到图书馆的柜台。

这个小女孩是个小读者。她父母的书满屋子都是，但都不是她想看的。所以她每个礼拜都会到坐落在一排木结构房子中的黄色图书馆浏览，里面的儿童图书馆在一个隐蔽的角落，她就在这个角落里碰运气找她想看的书。

当白发苍苍的图书管理员正在为这个10岁的小女孩所借的书盖上日期戳印时，小女孩憧憬地看着柜台上"新书专柜"的地方。她为写书这件事一再惊叹，在书中开创另一个世界是何等的荣耀。

在这个特别的日子，她定下了她的目标。

"当我长大以后，"她说，"我要当一个作家，我要写书。"

图书管理员检索了她的戳记后，并没有像其他大人一样叫小孩谦虚点，而是微笑着鼓励她说："如果你真的写了书，把它带到我们图书馆来，我会展示它，就放在柜台上。"

小女孩承诺说："我一定会的。"

她长大了，她的梦也是。

她在九年级时有了第一份工作，撰写简短的个人档案，每写一个档案，地方的报社都会给她1.5元钱。对于这份工作，钱的吸引力比让她的文字出现在报刊上的魔力逊色多了。通过这份工作，她的写作能力得到了很大的提高。但距离写一本书还有很长的路要走。

以后，她编学校的校内报纸，结婚，有了自己的家，而写作的火焰还在内心深处燃烧着。她有了一个兼职的工作，把学校发生的新闻编成周报。

但书还是连影子也没有。

以后，她又到一家大报社从事全职的工作，甚至还尝试编辑杂志，还是没写书。

最后，她相信她还有事业没有完成，于是开始了创作。她把成品送给两家出版商过目，但遭到拒绝，于是她悲伤地把它丢在一旁。7年后，旧梦复燃，她有了一个经纪人，又写了另外一本书。

她把藏起来的那本书一起拿出来，很快地两本书都找到了出版商。

但书的出版比报纸慢得多，所以她又等了两年。有一天，内含这名自由撰稿人新书的邮包寄到她门前，她打开一看，哭了起来。等了这么久，她的梦终于实现在她的手上。

她记起了图书馆管理员的邀请和她的承诺。

当然，那个特别的管理员早已去世，小小图书馆也扩建成大图书馆。

她打电话问了图书馆馆长的名字。她给这位图书馆馆长写了一封信，说以前的那位图书馆管理员的话对一个小女孩的意义有多重大。她在高中毕业后第三十年校庆会回到小镇来。她写信问她是否可以带两本书送给图书馆，因为这对当时那个10岁的小女孩而言是件大事，图书馆复电表示欢迎，所以她带了她的两本书去了。

她发现新的大图书馆就在她母校对面，几乎就在她老家旧址，从前的隔壁人家已经都拆除了，变成一个市中心，还有这间大图书馆。

然后，她把她的书交给图书馆工作人员，而图书管理员把它们放在柜台上，还附上了解说。泪水流满了她的面颊。

她拥抱了图书馆工作人员之后离开了，在外面照了一张相片来证明虽然经过了30多年，但梦想成真，承诺也兑现了。

站在图书馆公布栏的海报旁，10岁小女孩的梦想和这名作家终于合而为一了，海报上面写着：欢迎归来，琼·米歇尔！


老图书管理员的一句话，如同一把火点燃了女孩儿心中的希望，促成了她孜孜以求的一生。她的成功再次启示我们：命运并不存在于一个小时的决定中，而是建筑在远大目标的建立、经受考验和默默无闻的工作基础上。成功绝不会像一帆风顺，青云直上。要想成功，就要靠着顽强的信念和斗志，不懈攀登，克服障碍，寻求机会。


罗杰·罗尔斯出生在纽约声名狼藉的大沙头贫民窟。这里环境肮脏，充满暴力，是偷渡者和流浪汉的聚集地。在这儿出生的孩子从小就逃学、打架、偷窃，甚至吸毒，长大后很少有人从事体面的职业。然而，罗杰·罗尔斯却是个例外，他不仅考入了大学，而且最终成了纽约州的州长。

在就职的记者招待会上，一位记者对他提问：是什么把你推向州长宝座的？面对三百多名记者，罗尔斯对自己的奋斗史只字未提，只谈到了他上小学时的校长——皮尔·保罗。

皮尔·保罗担任诺必塔小学的董事兼校长的时候正是美国嬉皮士流行的时代，他发现诺必塔小学的穷孩子们比"迷惘的一代"还要无所事事。他们不与老师合作，旷课、斗殴，甚至砸烂教室的黑板。皮尔·保罗想了很多办法来引导他们，可是没有一个是奏效的。后来他发现这些孩子都很迷信，于是在他上课的时候就多了一项内容——给学生看手相。他用这个办法来鼓励学生。

一天当罗尔斯从窗台上跳下，伸着小手走向讲台时，皮尔·保罗握着他的小手说："我一看你修长的小拇指就知道，将来你是纽约州的州长。"当时，罗尔斯大吃一惊，因为长这么大，只有他奶奶让他振奋过一次，说他可以成为五吨重的小船的船长。这一次，皮尔·保罗先生竟说他可以成为纽约州的州长，着实出乎他的预料。他记下了这句话，并且相信了它。

从那天起，"纽约州州长"就像一面旗帜，罗尔斯的衣服不再沾满泥土，说话时也不再夹杂污言秽语。他开始挺直腰杆走路，在以后的40多年间，他没有一天不按州长的身份要求自己。51岁那年，他终于成了州长。

罗尔斯在他的就职演说中说:"信念值多少钱?信念本是不值钱的,它有时甚至是一个善意的欺骗,然而一旦你坚持下去,它就会迅速升值。"

信念这种东西任何人都可以免费获得,所有的成功,最初都是从一个小小的信念开始的,信念是所有奇迹的萌发点。

面对人生旅途中的挫折与磨难,我们需要清醒的头脑,更需要有坚定的信念。支撑我们为人生目标奋斗的,有我们的家庭、温暖的责任,还有我们的爱——这都是让我们信念坚定的重要因素。当我们明白为什么而做、为谁而做的时候,更能体现我们的激情,更能发挥我们的创造力,更能增强我们达成目标的动力。

## 6.半途而废,有时候是因为你一条路走到黑

桑德斯上校是"肯德基炸鸡"连锁店的创办人,他在年龄高达65岁时才开始从事这个事业。因为他身无分文且孑然一身,当他拿到生平第一张救济金支票时,发现金额只有105美元,内心实在是极度沮丧。他不怪这个社会,也未写信去骂国会,仅是心平气和地自问:"到底我对人们能做出何种贡献呢?我有什么可以回馈的呢?"随之,他便思量起自己的所有,

试图找出可为之事。

　　第一个浮上他心头的答案是："很好，我拥有一份人人都会喜欢的炸鸡秘方，不知道餐馆要不要？我这么做是否划算？"随即他又想："我真是笨得可以，卖掉这份秘方所赚的钱还不够我付房租呢！如果餐馆生意因此提升的话，那又该如何呢？如果上门的顾客增加，且指名要点炸鸡，或许餐馆会让我从中抽成也说不定。"

　　好点子固然人人都会有，但桑德斯上校就跟大多数人不一样，他不但会想，且还知道怎样付诸行动。随之，他便挨家挨户拜访，把想法告诉每家餐馆："我有一份上好的炸鸡秘方，如果你能采用，相信生意一定能够提升，而我希望能从增加的营业额里抽成。"

　　很多人都当面嘲笑他："得了吧，老家伙，若是有这么好的秘方，你干吗还穿着这么可笑的白色服装？"这些话是否让桑德斯上校打退堂鼓呢？丝毫没有，因为他还拥有天字第一号的成功秘诀，我们称其为"能力法则"，意思是指"不懈地拿出行动"：每当你做什么事时，必得从其中好好学习，找出下次能做好的更好方法。桑德斯上校确实奉行了这条法则，从不为前一家餐馆的拒绝而懊恼，反倒用心修正说词，以更有效的方法去说服下一家餐馆。

　　桑德斯上校的点子最终被接受，你可知先前他被拒绝了多少次吗？整整1009次之后，他才听到第一声"同意"。在过去两年时间里，他驾着自己那辆又旧又破的老爷车，足迹遍及美国每一个角落。困了就和衣睡在后座，醒来逢人便诉说他那些

点子。历经1009次的拒绝，整整两年的时间，有多少人还能够
锲而不舍地继续下去呢？真是少之又少了，也无怪乎世上只有
一位桑德斯上校。我们相信很难有几个人能受得了20次的拒
绝，更别提100次或1000次的拒绝。这是他成功的可贵之处。

如果你好好审视历史上那些成大功、立大业的人物，就会
发现他们都有一个共同的特点，不轻易为"拒绝"所打败而退
却，不达成他们的理想、目标、心愿，就绝不罢休。

华特·迪士尼为了实现建立"地球上最欢乐之地"的美梦，
四处向银行贷款融资，被拒绝了有302次之多。今天，每年有
上百万游客享受到前所未有的"迪士尼欢乐"，这都要归功于
他的决心。

伊尔莎年轻的时候，有一天父亲带她登上了罗马一座教堂
的塔顶。

"往下瞧瞧吧，伊尔莎！"父亲说道。

伊尔莎鼓足勇气朝脚底看去，只见星罗棋布的村庄环抱着
罗马，如蛛网般交叉弯曲的街道，一条条通往罗马广场。

"好好瞧瞧吧，亲爱的孩子，"伊尔莎的父亲温柔地说，
"通往广场的路不止一条。生活也是这样。假如你发现走这条
路达不到目的地，你就走另一条路试试！"

伊尔莎的理想是成为一名时装设计师。然而，在她向这个
目标前进了一小段路之后，就发现此路不通。伊尔莎想起了父
亲的话，决定换一条前进的道路。

伊尔莎来到了巴黎这个全世界的时装中心。有一天，她碰巧遇到一位朋友，这位朋友穿着一件非常漂亮的毛绒衣，颜色朴素，但编织得极其巧妙。通过朋友介绍，伊尔莎知道编织这位毛衣的太太名叫维黛安，在她的出生地美国，她学会了这种针织法。

伊尔莎突然灵机一动，想出了一种更新颖的毛线衣的设计。接着，一个更大胆的念头涌进了她的脑中：为什么不利用父亲的商号开一家时装店，自己设计、制作和出售时装呢？可以先从毛线衣入手嘛！

于是，伊尔莎画了一张黑白蝴蝶花纹的毛线衣设计图，请维黛安太太先织一件。织好的毛衣漂亮极了。伊尔莎穿上这件毛线衣，参加了一个时装商人瞩目的午宴，结果纽约一家大商场的代表立即定购了40件这样的毛线衣，并要求两星期内交货。伊尔莎愉快地接受了。

然而，当伊尔莎站在维黛安太太面前时，维黛安太太的话让伊尔莎的愉快一下子消失得无影无踪了。"你要知道，编织这么一件毛线衣，我几乎要花上整整一星期的时间啊！"维黛尔太太说，"两星期要40件？这根本不可能。"

眼看胜利在望，此路又不通了！伊尔莎沮丧至极，垂头丧气地告辞了。走到半路上，她猛然止步，心想：一定还有出路。这种毛线衣虽然需要特殊技能，但可以肯定，在巴黎，一定还会有别的美国妇女懂得编织的。

伊尔莎连忙赶回维黛安太太家，向她说出了自己的想法。维黛安太太觉得有道理，并表示乐意协助。伊尔莎和维黛安太

別说生活不容易,你不过是吃了得过且过的亏

太好像侦探一样,调查了住在巴黎的每一位美国人。通过朋友们的辗转介绍,她们终于找到了20位懂得这种特殊针织法的美国妇女。

两个星期以后,40件毛线衣按时交货,从伊尔莎新开的时装店,装上了开往美国的货轮。此后,一条装满时装和香水的河流,从伊尔莎的时装店里源源不断地流出来了。

如果你有了目标,就要积极地实现它,努力尝试不同的方法。正所谓"条条大路通罗马",这句谚语指人生目标的实现,不只有一条路可走。

多方努力去尝试,凭毅力与弹性去追求所企望的目标,最终必然会得到自己想要的,但是千万别半途而废。

## 7.脚踏实地,别指望不劳而获

妄想"坐"等成功来临,就好像等着月光变成银子一样渺茫,只有脚踏实地地工作,才会获得自己希望得到的东西,在有助于成功的所有因素中,脚踏实地是最有效的;在有助于你成功的所有品质中,脚踏实地是最可靠的。

莫扎特才华超群，自孩提时就对乐曲产生了兴趣。他一听到音乐小手就跟着拍起来。奇妙的是，他拍得很合拍，很有节奏感。

莫扎特的姐姐玛丽娅每次练习钢琴时，爸爸总是精心指导，因而玛丽娅的进步很快。每当琴声响起，小莫扎特就不吵不闹，静静地聆听着。

有一次，当玛丽娅正聚精会神地练琴时，4岁的莫扎特走到姐姐跟前，乞求姐姐让自己弹刚刚演奏过的那首曲子，玛丽娅亲昵地指着弟弟的鼻子说："看看你的小手，还不能跨过琴键呢，怎么弹琴呢，等你长大了再学琴吧。"

一天，全家用过晚餐，玛丽娅帮助妈妈在厨房里洗碗时，莫扎特就坐在钢琴上弹起来。父亲雷奥博正在边喝茶边抽烟休息，听到琴声后，猛然站起来，惊喜地说："听，玛丽娅把这首曲子弹得简直妙极了！"话音刚落，玛丽娅就从厨房里走了出来。雷奥博呆住了，这是怎么回事呢？他立即爬上楼轻轻地推开门，哇，只见小莫扎特正在聚精会神地弹奏呢！父亲看出儿子有着优秀的音乐天赋，便开始对他进行早期教育。从4岁起，莫扎特就弹起了钢琴，拉起了提琴。莫扎特的接受能力极强，许多曲子只听一遍，就毫不费力地记住了。

父亲怕莫扎特负担过重，不想过早教他作曲。可是到5岁时，莫扎特看着父亲写乐谱，便也开始学着作曲。有一次，父亲走进莫扎特的房间，见他正趴在桌上，在五线谱上专心地写东西。他随手拿起一看，不禁吃了一惊。原来儿子在写钢琴协奏曲，而且写得完全符合规格。

一天,父亲创作了一首小步舞曲。他要儿子把这个乐谱送到剧院院长处去,并说明这是专为他女儿创作的。不料,路上一阵大风,把莫扎特手里的乐谱刮跑了。他一面哭着,一面追赶着到处飘荡的乐谱。乐谱没有全找回来,怎么办呢?莫扎特跑到小伙伴家里,借来笔纸,自己写了首乐谱送去。第二天,院长带着女儿来拜谢,说莫扎特父亲的舞曲写得太妙了,他还让女儿把舞曲弹了一遍。莫扎特的父亲听后惊呆了。他说:"这不是我作的舞曲。"他转身问儿子:"这首乐曲是谁写的?"莫扎特只得说出原委。父亲听后激动得流出了泪,一下子把儿子抱在怀里。

此后,父亲就开始教他难度较大的作曲练习。聪明加勤奋的莫扎特,在家里不是弹琴就是作曲。五六岁的孩子像大人一样整日埋头音乐之中。为了让莫扎特开阔眼界,早日成名,自1761年秋天起,父亲就带着6岁的儿子到奥地利首都维也纳演出。接着,又到德国、法国、英国、荷兰和瑞士演出。每到一地,都获得好评。7岁那年,他在法国巴黎一个音乐会上为一位著名的女歌唱家弹琴伴奏,只听她唱一遍,就能不看乐谱,自由地伴奏,从头到尾一点不错。女歌唱家再唱一回,他又在琴上另选新的伴奏。每唱一曲,他的伴奏都变化无穷,和谐动听,听众惊叹不已。这件事被欧洲人称为"18世纪的奇迹"。

莫扎特11岁便能指挥大型歌剧演出,并写成了第一部歌剧《阿波罗和吉阿琴特》。12岁时指挥德国著名的乐队,名闻世界乐坛。13岁时,便在萨尔斯堡任大主教宫廷教师。

莫扎特只活了35岁。在短短的一生中,他写了歌剧19部,交响曲47部，钢琴协奏曲27部，小提琴协奏曲5部，弦乐四重奏22部，钢琴奏鸣曲29部，小提琴奏鸣曲37部，其他各类乐曲100多部，给人类的音乐宝库留下了珍贵的艺术财富。

"罗马不是一天建成的。"成功的关键在于脚踏实地的一步步积累，任何事都要认真对待，不要轻视任何微小的收获或进步，不肯从小事做起的人注定不能成功。

对很多人而言，劳动也许是一种负担或者劳累，甚至是对他人的惩戒，而对另外一些人而言，那是一种幸福，人只有脚踏实地地劳动，才会有所成就，否则将一事无成。

爱迪生说过："如果你成功地选择劳动，并把自己的全部精神灌注到它里面去，那么幸福本身就会找到你。"知道自己工作的意义和责任，并永远保持一种自发的工作态度，这是那些成就大业之人和凡事得过且过的人最根本的区别。

美国黑人小伙子法拉·格雷是知名的"商界神童"。他6岁白手起家搞推销，14岁时就成了百万富翁。如今，他的生意已扩大到通讯、食品、出版等领域，他本人还主持广播和电视节目，在纽约和拉斯维加斯都拥有办公室。

格雷出生于芝加哥一个普通的单亲家庭，是5个兄弟姊妹中最小的一个。据悉，格雷6岁那年，母亲患上了很严重的心脏病。格雷心疼母亲，渴望能帮助她减轻生活负担。但是，没有人敢雇用他这个6岁的"童工"。格雷无奈，只得苦思冥想，终于发现了一个赚钱的方法——推销润肤露。格雷说："我请妈妈帮我低价批发到一些润肤露，然后挨家挨户地进行推销。有人开门，我会握着他（她）的手：说：'您好，我叫法拉·格雷，您愿意买下这瓶润肤露吗？它只要1.5美元。'通常，主妇们一看到我恳切的眼神，都会说：'好，我买。'"

有了一些积累后，8岁那年，格雷创建了自己的"商业俱乐部"。他向当地的商人寻求资助，请求他们提供车辆和开会场所，以便让他和其他儿童一起切磋经商"秘诀"。格雷说："刚开始，我总是遭到别人的拒绝，他们一看到我就关门。但我总算通过'五人策略'募集到了1.5万美元的投资。所谓'五人策略'，就是如果你拒绝我的请求，那么请你给我介绍5个可能会接受我请求的人。"通过募捐得来的钱，格雷和他的伙伴们做起了销售饼干和礼品卡的生意。

格雷一家搬到拉斯维加斯后，他的经商本领引起了当地媒体的关注。很快，格雷受邀到脱口秀节目中接受采访。后来，他自己也成了一名脱口秀节目主持人。那年，他只有12岁。虽然年龄小，但格雷的口才却不逊于大人们。没过多久，就连许多机构都开始约他进行演讲，他的预约表排了一长串，而且每场演讲的报酬高达5000~10000美元。格雷说："我的电话总是响个不停，人们想知道，你是如何建立自己的俱乐部的？你是怎样成为一名脱口秀节目主持人的？他们说：'来给我们老年人组织，或年轻人组织讲讲你的成功史吧，这儿有一张支票等着你。'"

有一次，格雷看了祖母做果汁的过程后，灵机一动，立即决定建立一家食品公司。他说："我是一边看书一边学习如何经营一家食品公司的。"靠着这家食品公司和其他生意上的收入，14岁的时候，格雷就成了一名百万富翁。那年，他给家里买了一栋房子，让母亲住得更舒服了些。

后来，格雷出版了与人合著的书《白手起家的百万富翁：9个步骤使你变得有钱》。书中列出了他的经验之谈：爱惜你的名声；永远不要害怕被拒绝；建立智囊团；抓住每一个机会；跟随潮流但有自己的目标；对失败做好心理准备；花时间学习；热爱你的顾客；永远不要轻视人脉的作用。

世界上许多伟大事业的成功者都属于那些敢想敢做敢成败的人，而那些所谓智力超群、才华横溢的人却因瞻前顾后，不知取舍而终无所获。我们常听说，天才、运气、机会、智慧是成功的关键因素，但更多的人失败是因为有三件事没有做到位，即"缺乏敢想的勇气，缺少敢做的能力，没有敢成败的决心"。

1883年8月19日，在法国卢瓦尔河畔的索米尔小镇，香奈尔出生了。她的全名是加布理埃勒·香奈尔。香奈尔12岁时，母亲去世了，香奈尔在孤儿院度过了少年的黯淡时光。17岁，她来到另一个小镇，进入了修道院。在法国，妇女的地位是低下的，一个女孩要想在社会上生存，是非常艰难的。孤儿院的生活使她明白，高超的针织手艺对于女性而言非常重要，她可以通过针线活来养活自己，于是，18岁那年，她就到一家商店做助理缝纫师。

香奈尔的卑微出身和早年生活给她的服装理念打上了深刻的烙印。周围的成年妇女穿的工作服使她相信,妇女需要的不是烦琐的装扮,而是适合她们日益活跃的生活方式的宽松舒适的衣衫。香奈尔认为:"女人被造成她们举止不便的服饰所束缚,从而被迫依赖于仆人和男人。"孤儿院穷苦的生活渗入她的设计风格:朴素端庄、简明大方。

她开始设计黑帽,白色短衫,领口系雅致的黑领结,简单素洁的短上衣。同时,在她工作的小镇,有许多驻兵,尤其是那些朝气蓬勃的骑兵制服给她留下了深刻的印象,这无疑也成为此后几十年里著名的镶边服装的灵感来源。20多岁时,香奈尔遇上了富有的骑士卡佩尔。1908年,在这个人的资助下,香奈尔开了第一家帽子店,她的帽子宽大实用,受到了许多妇女的欢迎。

1912年,香奈尔趁热打铁又在法国上流社会的度假胜地——诺曼底海边小城开了自己的第一家服装店。很快,她极富个性的运动衫、开领衬衫、短裙、男式雨衣受到了时髦女郎的注意。不仅如此,为了扩大宣传,香奈尔让自己的姐姐穿上自己设计的新式服装,到城里最繁华的地方吸引妇女们的注意,这差不多是最早的一种广告形式了。香奈尔的事业越来越成功了。

1918年,香奈尔的亲密爱人卡佩尔因车祸遇难,但香奈尔依然坚强地发展自己的事业。1924年,她推出了著名的黑色小礼服,掀起了世界服饰的革命。她强调的是舒适性、方便性和实用性。在第一次世界大战期间,男士上战场,女性担负起持家工作，职业妇女渐渐兴起，因此需要较实用的服装，香奈尔的服装正好符合这个趋势，她的事业蓬勃发展。

第一次世界大战后她认为手工定做服装不适合大众需要，虽然当时手头上保有约200位名媛的订单（包括伊丽莎白·泰勒、英格丽·褒曼），她还是决定投入成衣这个市场，这让香奈尔成为数一数二的服饰大品牌。

香奈尔并没有满足自己取得的成绩，自1920年开始，香奈尔开始提倡整体形象，也就是从头到脚的装扮，包含配件、化妆品、香水。对她来说，一个女人不该只有玫瑰和铃兰的味道，香水会增添女性无穷的魅力。于是，她推出了"香奈尔5号香水"，这是第一支由服装设计大师推出的世纪经典香水。当著名的好莱坞影星玛丽莲·梦露用性感而充满磁性的声音对全世界说："夜里，我只'穿'香奈尔5号。"全世界都为之疯狂了。

谁想收获成功的人生，谁就得当个好"农民"。我们决不能仅仅播下几粒种子，然后指望不劳而获，我们必须给这些种子浇水，给幼苗培土施肥。要是疏忽这些，野草就会丛生，夺去土壤的养分，直至庄稼枯死。

# 第二章

愿有勇气去热爱,
愿有激情去冒险

# 1.我们必须去做自以为办不到的事

成功者最大的特点就是，具有想用新的点子做实验及冒险的意愿。进取的人和普通人最明显的差别就在于：进取的人在态度上勇于冒险，且具新观念，能鼓舞他人去从事一无所知的事物，而非尽玩些安全的游戏。

如果一切都在计划之内、意料之中，也就算不上什么冒险了。冒险就是在无法确定的复杂情势下，发挥它的神奇魔力的。

说到冒险精神，人们就会联想到发现美洲新大陆的哥伦布。

哥伦布还在求学的时候，偶然读到一本毕达哥拉斯的著作，知道了地球是圆的，他就牢记在脑子里。经过很长时间的思索和研究后，他大胆地提出，如果地球真是圆的，他便可以经过极短的路程而到达印度了。自然，许多自以为有常识的大学教授和哲学家们都嘲笑他的意见。他们觉得，他想向西方行驶而到达东方的印度，不是痴人说梦吗？他们告诉他，地球不是圆的，而是平的，然后又警告道，他要是一直向西航行，他的船将驶到地球的边缘而掉下去……这不是等于走上自杀之路吗？

然而，哥伦布对这个问题很有自信，只可惜他家境贫寒，没有钱让他去实现这个理想。他想从别人那儿得到一点钱,助他成功,但一连空等了17年,很是失望,所以,他决定不再向这个"理想"努力了。因为使他忧虑和失望的事情太多了,他的红头发竟完全变白了——虽然当时他还不到50岁。

灰心的哥伦布,这时只想进西班牙的修道院,去度过后半生。就在这时候,罗马教皇却怂恿西班牙皇后伊莎贝拉资助哥伦布。教皇先送了65元给哥伦布,算是路费;但他自觉衣服过于褴褛,便用这些钱买了一套新装和一匹驴子,然后启程去见伊莎贝拉,沿途穷得竟以乞讨糊口。皇后赞赏他的理想,并答应赐给他船只,让他去从事这种冒险的工作。为难的是,水手们都怕死,没人愿意跟随他走。于是哥伦布鼓起勇气跑到海滨,捉住了几位水手,先向他们哀求,接着是劝告,最后用恫吓手段逼迫他们去。另一方面他又请求女皇释放了狱中的死囚,并许诺他们如果冒险成功,就可以免罪恢复自由。

1492年8月,哥伦布率领3艘船,开始了一次划时代的航行。刚航行几天,就有两艘船破了,接着他们又在几百平方公里的海藻中陷入了进退两难的险境。他亲自拨开海藻,才得以继续航行。在浩瀚无垠的大西洋中航行了六七十天,也不见大陆的踪影,水手们都失望了,他们要求返航,否则就要把哥伦布杀死。哥伦布兼用鼓励和高压两种手段,总算说服了船员。

也是天无绝人之路,在继续前进中,哥伦布忽然看见有一群飞鸟向西南方向飞去,他立即命令船队改变航向,紧跟这群飞鸟。因为他知道海鸟总是飞向有食物和适于它们生活的地方,所以他预料到附近可能有陆地。果然,他们很快发现了美洲新大陆。

当他们返回欧洲报喜的时候，又遇上了四天四夜的大风暴，船只面临沉没的危险。在这十分危急的时刻，他想到的是如何使世界知道他的新发现，于是，他将航行中所见到的一切写在羊皮纸上，用油蜡布密封后放在桶内，以期在船毁人亡后，自己的发现能够留在人间。

哥伦布他们很幸运，最后脱离了危险，胜利返航了。哥伦布的探险成功了。无须赘言，哥伦布如果没有不怕困难、不怕牺牲、勇往直前的进取精神，"新大陆"能被发现吗？

哥伦布那种无畏、勇敢和百折不回的精神，真值得我们学习。当水手们畏惧退缩的时候，只有他还要勇往直前；当水手们害怕了警告他再不折回，便要叛变杀了他时，他的答复还是那一句话："前进啊！前进啊！前进啊！"

看看哥伦布，再看看我们自己，我们没有任何理由不去改变自己，以便建立起敢于打破传统框架、勇于去冒险的坚定信念。

固守传统观念的中国人，崇尚"稳中求胜"，认为"凡人世险奇之事，决不可为。或为之而幸获其利，特偶然耳，不可视为常然也。可以为常者，必其平淡无奇，如耕田读书之类是也"。可是，随着时代的发展，这种思想已明显不能适应快节奏的生活。假如你想致力于改良事物的现况，就不得不去欣然冒险。用罗斯福总统夫人伊莲娜的话说就是：我们必须去做自以为办不到的事。

## 2.别只盯着三天以后的事情，多想想三年以后的自己

中国有句古语：凡事预则立，不预则废。意思是说，在做任何事时，事先具有准备和预见是成败的关键。而要具有正确的预见，就必须具备超前的思维。只有想在他人前面，才能做在他人前面。

在充满竞争的当代社会里，只有超前，才能把握时机；只有超前，才能获得发展；只有超前，才能使自己立于不败之地。如果说能预知三天之后发展变化的是聪明人，那么能预知三年之后发展变化的人就是伟大的人。很多成功的亿万富翁，都是值得别人学习的人。

美国有一家规模不大的缝纫机厂。第二次世界大战中生意萧条，工厂老板杰克看到战时百业俱凋，只有军火是个热门，但自己却与之无缘。于是，他把目光转向未来市场，他告诉儿子，缝纫机厂需要改行转业。

儿子问他："改成什么？"

杰克说："改业生产残疾人用的小轮椅。"

儿子当时大惑不解，不过还是遵照父亲的意思去办。经过一番设备改造后，一批批小轮椅面世了。这时战争刚刚结束，许多在战争中受伤致残的士兵和平民，纷纷购买小轮椅。杰克

工厂的订货者盈门，该产品不仅畅销美国，还远销国外。

儿子看到工厂生产规模不断扩大，财源滚滚，在满心欢喜之余，不禁又向父亲请教："小轮椅不能继续大量生产，因为需求市场快要饱和了。未来的几十年里，市场又会有什么新需要呢？"

老杰克早已成竹在胸，反问儿子："战争结束了，人们的想法是什么呢？"

"人们对战争已经厌恶透了，希望战后能过上安定美好的生活。"

"那么，美好的生活靠什么呢？要靠健康的身体。将来人们会把身体健康作为重要的追求目标。所以，我们要为生产健身器做好准备。"他进一步指点儿子。

于是，生产小轮椅的机械流水线，又被改造为生产健身器。最初几年，销售情况并不太好。这时老杰克已经去世，但是他的儿子坚信父亲的超前思维，仍然继续生产健身器。结果就在战后十多年左右，健身器开始走俏，不久便成为热门货。当时杰克健身器在美国只此一家，独领风骚。老杰克之子根据市场需求，不断增加产品的品种和产量，扩大企业规模，终于让自己的家族进入到亿万富翁的行列。

老杰克每次都准确地预见了未来的市场变化，为了抓住一闪而过的机会，他早早地做好了充分的准备，财富之神果然一次也没有让他失望。

一个真正想成功的人，只求抓住机遇还是不够的，还应当学会创造机遇。能够主动创造机遇的人，是这个世界的强者。能够主动发现机遇、抓住机遇、创造机遇的人，往往都具有敏锐的洞察力和预测能力。

甘布士在人人自危的经济大萧条时期，似乎胸有成竹。他用自己全部的积蓄来收购倒闭的工厂和别人抛售的低价货物，并租了一个很大的货仓用来贮货。

人们见到他这股邪劲，都嘲笑他是个大笨蛋，就连他的妻子也劝他，如果此举血本无归，那么后果将不堪设想。对于妻子的忧心忡忡，甘布士笑着安慰她："3个月以后，我们就可以靠这些廉价货物和工厂发大财了。"

甘布士的话似乎根本无法兑现，因为经济形势已经越来越糟。当贱价抛售也找不到买主时，很多存货厂便把所有存货用车运走烧掉。他妻子见状不由得焦急万分，抱怨起甘布士来。对于妻子的抱怨，他一言不发。

终于美国政府采取了紧急行动，稳定了物价。由于大量的抛弃烧毁，货物开始短缺，物价直线上升。在甘布士决定抛售货物时，妻子劝他再等一等，他却平静地说："是抛售的时候了，再拖延一段时间，就会后悔莫及。"

果然，甘布士的存货刚刚售完，物价便跌了下来。妻子对他的远见钦佩不已。后来，甘布士用这笔赚来的钱，开设了5家百货商店。最终，经过自己的不懈努力，他成了全美举足轻重的商业巨头。

从上面两个商人的经典佳话，我们可以看出，你要想及时准确地把握机会，必须具备两个必要的条件：其一，你应该具有长远的目光，即超前思维，不要鼠目寸光；其二，你必须锲而不舍，持之以恒的毅力和百折不挠的信心是必不可少的。

假如你已经拥有了这两个条件，看准时机并把握它，紧接着付诸行动，那么终有一天它将变成现实的财富，你将获得成功。

成功之道更像一场马拉松赛跑而不是百米冲刺，前100米领先者不一定就能成为全程的冠军，甚至都不可能跑完全程。在这遥远的征途上，你的准备和积累将会起到决定性的作用。如果你自觉先天不足而又已然踏上征程，那就更要格外注意随时给自己补充营养。牢牢记住，把眼光放得长远一些，准备好到达终点之前的一切。

# 3.有机会要上，没有机会要自己创造机会上

机会是现成的吗？就像河塘里的鱼只等着你去捕捞？不，很多时候，你是看不到机会的，这里需要的是你的主动性，你要自己动手，创造机会，哪怕这种可能性只有万分之一。等待好机遇才做事的人，永远不会成功。

一位经济学专家站在讲台上，给自己的学生讲述自己的亲身经历：

"我刚到美国读书的时候，在大学里经常有讲座，每次都是请华尔街或跨国公司的高级人员讲演。每次开讲前，我发现一个有趣的现象，我周围的同学总是拿一张硬纸，中间对折一下，让它可以立着，然后用颜色很鲜艳的笔大大地写上自己的名字，再放在桌前。于是，讲演者需要听者回答问题时，他就可以直接看着名字叫人。

"我当时不解，便问旁边的同学。他笑着告诉我，讲演的人都是一流的人物，当你的回答令他满意或吃惊时，很有可能就暗示着他会给你提供很多机会。这是一个很简单的道理。事实也如此，我的确看到我周围的几个同学，因为出色的见解，最终得以到一流的公司供职。"

确实，在人才辈出、竞争日趋激烈的时代，机会一般不会自动找到你，只有敢于表达自己，展示自己，主动为自己创造机会，幸运之神才有可能寻找到你。

举世著名的国际巨星席维斯·史泰龙，在尚未成名前是一个贫困潦倒的穷小子，当时他身上只有100美元，唯一的财产是一部老旧的金龟车，那是他睡觉的地方。

史泰龙心目中有个梦想，想要成为电影明星。好莱坞总共有500多家电影公司，史泰龙逐一拜访，却没有一家公司愿意录用他。面对500多次冷酷的拒绝，他毫不灰心，回过头来又从第一家开始，挨家挨户自我推荐。第二次拜访，500多家电影公司当中，总共有多少家拒绝他呢？答案是500多家，仍然没有人肯录用他。

史泰龙坚持自己的信念，将一千次以上的拒绝当作是绝佳的经验，鼓舞自己又从第一家电影公司开始，这次他不仅要争取自己的演出机会，同时还捎上了自己苦心撰写的剧本。可是第三次的拜访，好莱坞所有的公司还是拒绝了他。

史泰龙先后总共经历了1855次严酷的拒绝，以及无数的冷嘲热讽。天道酬勤，总算有一家公司愿意采用他的剧本，并聘请他担任自己剧本中的主角。就这样，一次机会给了他成为国际巨星的可能。

在日常生活中，有些人总希望有一个突然的机遇把自己从地狱送到天堂，眨眼之间变成富人。但事实上，只有一小部分机遇是侥幸得到的，更多的是要靠自己的努力和实力去争取、去创造。机遇是珍贵而稀缺的，又是极易消逝的。你对它怠慢、冷落、漫不经心，它也不会向你伸出热情的手臂。主动出击的人，容易俘获机遇；守株待兔的人，常与机遇无缘，这是普遍的法则。你若比一般人更主动、更热情的话，机遇就会向你靠拢。

## 4.你之所以平庸麻木，是因为压力太小

有两个人，各在一片荒漠上栽了一片胡杨树苗。树苗成活后，其中一个人每隔三天就挑起水桶，到荒漠中来，一棵一棵地给那些树苗浇水。不管是烈日炎炎，还是飞沙走石，那人都会雷打不动地挑来一桶一桶的水浇他的树苗。有时刚刚下过雨，他也会来，给他的那些树苗再浇一瓢。一位老人说，沙漠里的水漏得快，别看这么三天浇一次，树根其实没吸收到多少水，都从厚厚的沙层中漏掉了。

而另一个人相比之下就悠闲多了。树苗刚栽下去的时候，他来浇过几次水，等到那些树苗成活后，他就来得很少了，即使来了，也不过是到他栽的那片幼林中去看看，发现有被风吹倒的树苗就顺手扶一把，没事的时候，他就在那片树苗中背着手悠闲地走走。不浇一点儿水，也不培一把土。人们都说，这人栽下的树，肯定成不了林。

过了两年，两片胡杨树苗都长得有茶杯粗了。忽然有一夜，狂风从大漠深处卷着沙尘飞来，飞沙走石，电闪雷鸣，狂风撕卷，如此肆虐了一夜。第二天风停的时候，人们到那两片树林里一看，不禁十分惊讶。原来，辛勤浇水的那个人的树几乎全被刮倒了，有许多树几乎被暴风连根拔了出来，林子里一片狼藉。

摔折的树枝，倒地的树干，被拔出的一蓬蓬黝黑的根须，惨不忍睹。而那个悠闲的不怎么给树浇水的人的林子，除了一些被风刮掉的树叶和一些被折断的树枝，几乎没有一棵被风吹倒或吹歪。

大家都大惑不解，纷纷向这个悠闲的人请教："这老天有些太不公平了。那个人常给他的树施肥浇水，可他的那片树林，一夜之间就被风暴彻底毁了。而你呢，把这些树苗栽好栽活后，就对它们不理不睬了。昨夜那么大的风暴，竟没有吹倒一棵树，难道这里有什么奥妙吗？"

这个人听了，微微一笑说："奥妙当然有了。他的树这么容易就被风暴给毁了，就是因为他的树浇水浇得太勤，施肥施得太勤了。"

人们更迷惑不解了，难道辛勤为树施肥浇水是错误的吗？

这个人解释说："树跟人是一样的，对它太殷勤了，让它一直处于顺境中，就培养了它的惰性。经常给它浇水施肥，它的根就不往泥土深处扎，只在地表浅处盘来盘去。根扎得那么浅，怎么能经得起风雨呢？而我把自己的树栽活后，就不再去理睬它，地表没有水和肥料供它们吸取，就逼得它们不得不棵棵拼命向下扎根，恨不得把自己的根穿过沙土层，一直扎进地底下的泉源中去。有这么深的根，还用担心这些树轻易就被暴风刮倒吗？"

水不加压，上不了高山；人不加压，难以成长。因为，人人都有某种程度的惰性——懒散、拖延、得过且过。许多潜力与才能,常常被这些惰性给毁掉了。

人生如逆水行舟,不进则退。所以,要给自己施加压力。如果没有压力,人们往往会放松对自己的约束或者习惯于迁就自己,对应该做的事情,总是迟迟下不了决心。

牧马人家的三匹小马渐渐长大了。一天,牧马人对小马们说:"你们想不想长成驰骋天下的宝马啊?"

"想!"三匹小马异口同声地回答。

牧马人微笑着说:"好,那你们现在想要什么?"

"我想要一副精美的辔头。"一匹小马说。

"我想要一副漂亮合体的马鞍。"另一匹小马说。

"我想要一根皮鞭。"第三匹小马说。

"皮鞭?"牧马人和其他两匹小马都吃了一惊。

"因为我知道,不论是谁都有惰性,有了皮鞭的时时鞭策,我就会克服惰性,从而踏上纵横天下的征程。"第三匹小马回答。

最后,第三匹小马果真成了一匹真正的宝马。

现实生活中的众多实例证明:人越是在压力大、处境难、事务多的情况下,越能干出成绩、成就事业。究其原因,鞭策使然。

如果你是一个有上进心、有远大抱负的人,那么无论是工作的高标准,还是领导的严要求,或是形势的紧迫性,对你而言都是一种鞭策,而鞭策既是压力也是动力。正是因为有这些鞭策不断推动你去学习和工作，你才能完成一个个看起来很难但经过努力却终能完成的任务。在这个过程中，你便得到了锻炼，得到了升华，得到了超越，从而实现了自己的人生价值。

人一旦无所事事，没有压力、没有鞭策，就会懈怠下来，就会不忍进取、得过且过，最终就会一事无成。

当然，人不会时时都处于有压力、有动力的境况下，所以要学会自我加压、自我鞭策。如果我们能时常鞭策自己，努力提高思想和业务素质，就能为自己赢得更加广阔的舞台。

自我施压。能强迫自己改掉不良的习惯，同时也是个自我调整和提升的过程。自我施压，等于给自己安上了一个"驱动器"。借助于这个驱动器，你就能冲破层层阻力，闯过道道难关，成就一番事业。

人生需要懂得自我加压，当下的自我加压是为了增强生命的耐力。过分的安逸会使人变得懈怠，变得"弱不禁风"，经不起生活的击打。只有不断地自我加压，勇敢地挑起生活的重担，人生的步履才会迈得更坚实、更稳健、更有力。

## 5.恭喜你，有问题就代表着有希望

任何问题都是一次机遇，都有其积极的影响。工作中出现问题是正常的，你不要马上给它下一个定论——这是坏事——甚至，立刻找到老板或其他同事，把事情从自己身上一干二净地推出去。

你应该做的是，立即思考产生问题的原因，看看以前有没有出现过类似的问题，并对问题做出一个前瞻性的预测，看看这个事情是向好的一面发展，还是向坏的一面推进。然后，开动你的脑筋思考，也许这些问题完全可以变成一个走向成功的机会。

刚进入微软时，唐骏在15000多人的微软员工中并非最好的，在技术方面也和一般员工一样没有什么高超之处。但唐骏不想只做一个一般的员工，他知道自己靠技术超不过别人，但他有毅力，有勤奋的精神。

当时，他进入微软后发现，每次Windows的英文版操作系统出来8个月后，中文版本才能开发出来，再过5个月才有日文版本。

那时候，其实很多人都注意到了这个问题，也有很多人提出了书面方案交给经理，但效果都是微乎其微。这时，唐骏就想，如果自己能找到解决方法，并找到各方面的技术支持，那必定会产生效果。

唐骏这样想了，也开始着手按他的方法去尝试。于是他利用晚上和周末的时间分析这3种版本的共同之处和不同之处，最后他终于找出了一种模式，可以将3种不同版本都用这一模式进行开发。

然后，唐骏写了一份书面报告，不仅提出了这个问题，也提供了解决这个问题的方案，并且将编的程序都放在了这份报告里。

最后，经理经过开会研究发现，这一提议确实切实可行，并得到了大家的一致认可，于是公司决定以后所有的员工都使用这种研发模式。

如此一来，公司就需要一个人领导建立宣传部门来宣传这种模式。当时，唐骏把这种模式称之为"唐氏研发模式"，理所当然地唐骏也就成了唯一的候选人，绝对没有竞争对手。唐骏就是这样，在他进入微软8个月后，当上了部门经理。

有一句话叫做："优秀的员工，是最擅长解决问题的员工。绩效的产出，来源于掌握了解决问题的方法。"

唐骏在微软的起步始于程序员，回忆起那段过往的经历，他做出了这样的总结：为老板着想，能够帮老板解决问题，没有老板会不喜欢这样的员工。

唐骏的职业生涯一直在解决问题。作为程序员，他利用业余时间设计的软件架构,帮助微软把300人的翻译团队压缩成数十人;作为开发部门高级经理,唐骏创办的大中国区技术支持中心,仅用了6个月,各项运营指标位居微软全球五大技术支持中心之首;作为盛大的总裁,唐骏带领盛大成功登陆纳斯达克,完善了盛大的内部架构,并逐渐改变了中国网游在海外投资人心目中的印象。

有问题是正常的,没有问题才不正常。问题并不可怕,问题其实是一位最好的老师,它会带给你成长的机会,增长你丰富的经验,帮助你真正实现自我的提升。我们应该有一种更高的主人翁意识,用这种意识来指导自己的行动,更积极主动地把问题的根源找出来。

作为员工,也许每一个人每一天都要面对层出不穷的问题,而且出现的问题永远不会自动消失。此时,最好的办法就是去面对这些问题,对这些问题负起责任,开动脑筋解决问题。有些员工不善于发挥主动性,不喜欢主动行动,总认为发挥主动性是老板的事,与自己无关,只要把老板安排的工作做好就可以了。然而,不幸的是,这种按部就班、例行公事的工作,只会使一个人的职业生涯从此裹足不前,终其一生也只能从事一些平庸的工作。

只有负责任地面对问题,才能激发人潜藏的力量,唤醒我们沉睡的智慧。那些高绩效的员工,哪一个不是从问题和困难中一步步走向成功的!他们从不回避问题,从不惧怕困难。他们总是积极思考,善于透过现象看本质,从而找出有效解决问题的办法，克服别人克服不了的困难，解决别人解决不了的问题。

有问题就意味着有希望，只有敢于正视问题、解决问题，才可以不断前进。遇到难以决策的问题时，最好提出自己的几个方案，并分析它们各自的优劣，与主管商议。这样一来，一方面开拓了主管的思路，帮助主管制定出更好的决策；另一方面，主管对你也会有所回馈，也会使你的思路变得更加明晰。相反，如果你总是被动地、勉为其难地去解决问题，而内心深处并不相信自己能解决它们，那就很难有足够的决心坚持到底。没多久，你就又会回到抱怨、推脱的老路上去。

要令自己与众不同，要让上司感到你是一位出色的员工，就要处处表现出你可以独立处理问题，可以为公司找出解决问题的方案。只有这样，才能凸显自己的责任感、主动性和独当一面的卓越素质。

# 6.理性的冒险，不是冲动的冒进

冒险与冒进，是两个完全不同的概念，两者之间存在着巨大的差别。冒险鼓励我们在理性分析的基础上大胆地去尝试，而冒进则是在不理智情况下的冒险行为。

有这样一则故事。一个人问一位哲人:"何谓冒险?"哲人回答说:"假如有一个山洞,洞里有很多财宝,大家都想把财宝取出来。如果那个洞是狼窝,取宝者就是在冒险;如果那个洞穴是虎穴,取宝者就不是冒险,而是冒进了。"

可见,冒险应该是理性而自信的,创业者有胆有识,创业途中的许多风险都是可以化为财富的;相反,前怕狼后怕虎的创业者将一事无成。

当初,俞敏洪从北大辞职其实就是一次自信而理性的冒险。

"当初我从北大出来的时候,实际上是带有风险性的,因为1990年从北大出来意味着失去铁饭碗,意味着是一辈子不知道把户口落到什么地方去,意味着自己的档案不知道往什么地方放。但是,我是有把握的。因为我知道出来以后每天晚上可以去上课,我作为老师是合格的,我每天晚上赚20块钱是合格的。如果我每天晚上能赚20块钱,一个月就能赚600块钱,而当时北大给我开的工资是120块钱。我在外面上课赚的钱比在北大拿的工资多了3倍,即使我租房子,也能养得起我的家人。

"后来干新东方,我把自己的全部积蓄都投入进去。我认为,如果把我前两年所赚的几万块钱全部投入进去,即使这些钱都损失了,我也不会自杀。因为这只能说明这两年我在经济上毫无收获,但是我还是一个老师,依然可以从一晚20块钱干起。由于有了这个前提,1993年我就敢于把我所赚的钱一次性投入新东方。因为我知道，这个失败对我来说能够承受得起。"
俞敏洪说。

创业不是赌博。创业者的冒险是基于对自身能力的充分
了解。

既然创业需要谨慎冒险，那么，如何理性地冒险呢？俞敏
洪提到了两点：一是做自己有把握的事情；二是要远离危险和
不幸。做自己有把握的事就要对自己的能力有一个清晰的认
识，对事情的发展趋势有一个正确的判断。至于远离危险和不
幸，就是说不要有赌徒心态，要充分计算风险的大小，评估自
己的抗风险指数，理性地冒险。

不要为了避免危险而退缩，当你发现成功的可能性有50%
的时候，就可以去做。另外，冒险一定要有一个前提，就是在
自己能够承受的范围之内。天下没有免费的午餐，创业本身就
是一件冒险的事情。冒险并不是随便进入危险境地，自找麻
烦，自讨苦吃。

一个具备冒险精神的人绝对不是一个头脑简单做事鲁莽的
人，而是一个对自己的行为及后果深思熟虑并能负责的人。他
们通常有着知其不可为而为之的勇气，有着对新生活新领域的
热情。他们的理想和眼光一直伸展到地平线之外，他们的头脑
思索着个人或人类还没有达到的新境界。

## 7.那些成功的人，都是因为"不满足"

一切的一切都是由于"不满足"。我们向前迈步，路就会在脚底下延伸，我们扬起帆，便有八面来风；我们向上攀登，便没有不可到达的高峰。

李嘉诚在做推销工作的时候，把推销当事业对待，而不是仅仅为了钱。他很关注塑胶制品的国际市场变化。他的信息，来自报刊资料和四面八方的朋友，他建议老板该上什么产品，该压缩什么产品的生产。他把香港划分成许多区域，每个区域的消费水平和市场行情，都详细记在本子上。他知道哪种产品该运到哪个区域销售，销量应该是多少。

加盟塑胶公司，仅一年工夫，李嘉诚就实现了他的预定目标。他超越了另外6个推销员，这些经验丰富的老手望尘莫及。老板拿出财务的统计结果，连李嘉诚都大吃一惊——他的销售额是第二名的7倍！全公司的人都在谈论这位推销奇才，说他"后生可畏"。

18岁时李嘉诚就被提拔为部门经理，统管产品销售。两年后，他又晋升为总经理，全盘负责日常事务。他已熟稔推销工作，可也深知生产及管理是他的薄弱处。因而虽身为总经理，他却把自己当小学生。他总是蹲在工作现场，身着工装，同工人一道干，极少坐在总经理办公室。每道工序他都要亲自尝试，兴趣盎然，一点也不觉得苦和累。

有一次，李嘉诚站在操作台上割塑胶裤带，不慎把手指割破，鲜血直流，他没有吭声，迅速缠上胶布，又继续操作。事后伤口发炎，他才到诊所去看医生。许多年后，一位记者向李嘉诚提及这事，说："你的经验，是以血的代价换得的。"李嘉诚微笑道："大概不好这么说，那都是我愿做的事，只要你愿做某件事情，就不会在乎其他的。"

李嘉诚以勤奋和聪颖，很快掌握生产的各个环节。生产势头良好，销售网络日臻完善，许多大额生意，他都是通过电话完成的，具体的事，再由手下的推销员跑腿。李嘉诚是塑胶公司的台柱，成为高收入的打工仔，是同龄人中的杰出者。他才20出头，就爬到打工族的最高位置，做出令人羡慕的业绩。

李嘉诚本应该心满意足了，然而，在他的人生字典中没有"满足"二字。功成名就、地位显赫的他，再一次跳槽，重新投入社会，以自己的聪明才智，开始新的人生搏击。老板自然舍不得李嘉诚离去，再三挽留。曾有个相士，拉住李嘉诚看相，说他"天庭饱满，日后非贵即富……必会耀祖光宗，名震香江"。此事在公司传为佳话，老板不信相术，但笃信李嘉诚具备与众不同的良好素质，他不论做什么事，都会是最出色的。因此，老板凭借与其相处几年得出结论：李嘉诚绝非"池中之物"，他谦虚沉稳的外表下，隐藏着勃勃雄心，他未来的前程，非吾辈所能比拟。

有这样一个故事:徒弟去见师傅,说:"师傅!我已经学足了,可以出师了吧?"

"什么是足了呢?"师傅问。

徒弟答:"就是满了,装不下去了。"

师傅笑曰:"那么装一大碗石子来吧!"

徒弟照做了。

"满了吗?"师傅问。

"满了。"

师傅抓来一把沙,倾入碗里,没有溢。

"满了吗?"师傅又问。

"满了。"

师傅抓起一把石灰,撒入碗里,还没有溢。

"满了吗?"师傅再问。

"满了。"

师傅又倒了一盅水下去,仍然没有溢出来。

"满了吗?"

"……"

这就是人生的哲学,何为"满"?何时"满"?是个值得思考的问题。

成功者和一般人的差别在于,一般人只看到面前的一片天空,而不知道远方还有更高更远的天地值得我们去开拓。鲁迅说过:"不满足是向上的车轮。"这车轮必能把你带到更美好的世界，引领你到更开阔的天地。

不满足于现状，不满足于琐碎，才会对这个世界有所希冀，才会对自己的生活有所追求……才会对身边的一切有所要求，才有因不甘重复而萌生的要改变的心，才能牵动我们的每一寸神经，每一块肌肉，才能使我们热血沸腾，热火朝天地大干起来。

不满足于现有的，不满足于已掌握的，才有科技的不断进步，才有人类文明的不断发展……才有理想的不断实现，才致使许多幻想不至于陷入空谈，才推动了许多新事物的出现。

# 第三章

想活成你理想的样子，
就请先看清楚你现在的样子

# 1.赤裸裸地看透你自己

在古希腊帕尔索山上的一块石碑上，刻着这样一句箴言："人啊，认识你自己。"卢梭曾经这样评论此碑铭："比伦理学家们的一切巨著都更为重要，更为深奥。"显然，认识自己是至关重要的。

有这样一个故事。

一个小孩跟爸爸一起去邻居家做客，邻居很喜欢这个小家伙，就拿出糖罐说："来，抓一把。"小孩看着糖罐，手却一动不动，邻居催促了他好几次，小孩就是不伸手。最后，邻居只好亲自动手，抓了一大把糖果塞到小孩的衣袋里。

拜访邻居之后，爸爸在回家的路上问儿子："平时你最喜欢吃糖果了，今天怎么不自己动手拿呢？"

小孩回答说："我的手小，抓一把肯定抓得少。他的手则大得多，还是让他抓好一些。"

很显然，这是一个非常聪明的孩子，他清楚自己的短处并巧妙地避开，从而为自己争取到了更大的好处。

每个人都有自己的长处和短处，只要清楚地认识自己，就能扬长避短，取得事半功倍的效果。

老子说:"知人者智,自知者明。"可见,认识自己是多么重要。只有认清自己,才能找到发展方向,步入正确的人生轨道。

日本保险业泰斗原一平在他27岁时,进入日本明治保险公司从事推销工作。那时的他,穷得连午饭都吃不起,而且晚上只能露宿公园。

有一天,他向一位老和尚推销保险,等他详细介绍完之后,老和尚平静地说:"你所说的话,丝毫引不起我投保的兴趣。"

老和尚注视原一平良久,接着又说:"人与人之间,像我们这样相对而坐的时候,一定要具备一种强烈吸引对方的魅力,如果你做不到这一点,将来也就没什么前途。"

原一平哑口无言,冷汗直流。

老和尚又说:"年轻人,先努力改造自己吧!"

"改造自己?"原一平问道。

"是的,要改造自己首先要认识自己,你知道自己是一个什么样的人吗?"老和尚又说,"你要替别人考虑投保之前,必须先考虑自己,认识自己。"

原一平不太理解,疑惑地问道:"先考虑自己?认识自己?"

"是的,赤裸裸地注视自己,毫无保留地彻底反省,然后才能认识自己。"老和尚意味深长地回答道。

从此,原一平开始努力认识自己,改善自己,终于成为一代推销大师。

认识自己，找准自己的人生定位，这决定了一个人事业的成功。

成功人生从正确认识自己开始，如果过高估计自己，会脱离现实，守着幻想度日，怨天尤人，怀才不遇，小事不去做，大事做不来，最终一事无成；如果过低估计自己，会产生强烈的自卑感，导致自暴自弃，结果，明明能做好的事，也会因胆怯而不敢去试，最后抱憾终生。

现实生活中，很多人只看到自己消极的一面，大部分的自我评估都包括太多的缺点、错误与无能。能够认识自己的缺点这固然是好事，但这不是消极的理由，成功者会在找到自身缺点之后努力改进，他们会全面地认识自己，决不轻视自己。他们在意识到自身缺点的同时，也会找到自己的闪光点。成功者的聪明之处在于，他们会尽力避免暴露个人缺点，而将优点发挥到极致，之后，再慢慢改掉自己的坏习惯。

综上所述，认识自己是多么重要。倘若能正确认识自己，成功时看得起别人，失败时看得起自己，那么，你一定能在激烈的竞争中保持优势，谋得发展。

（1）从现实和历史的状况中认识自己。你最近及过去的事业、工作等各方面的基本情况如何，要从多角度分析，尽可能准确、客观。

（2）从个人和大家的评价中认识自己。选择有一定代表性的个人，如你最要好的朋友，最亲密的同事等等，一般来说，他们比别人更了解你。大家的看法，可以是你任职公司的看法，也可以是某个组织的看法。

（3）从工作和学习中认识自己。了解你工作的各种情况，比如，是否热爱你的工作，业绩如何，学习的情况，你对学习怎么看，是否感兴趣，对业务学习、政治学习、专业学习持什么态度，效果如何。

（4）从事业和生活中认识自己。你的事业心怎么样，从事的是什么事业，你对自己从事的事业是满怀激情还是勉强应付，你现在有何成就，你的家庭生活怎么样，是否幸福，原因何在。

（5）从自己的强项和弱项中认识自己。在工作、学习或者爱好中，你的强项是什么，成就如何，别人怎么看，你的弱项是什么，有什么具体改善措施。

（6）从以往的成功和挫折中认识自己。成功和挫折最能反映个人性格和能力上的特点，因此，我们可以从自己成功或失败的经验教训中发现自己的特点，在自我反思和自我检查中重新认识自己。

（7）从感兴趣和讨厌的事情中认识自己。你对什么事情感兴趣，哪一种你最感兴趣，这种兴趣发展到了何种程度，这种兴趣是否高雅、正当，这种兴趣是否已经发展为爱好，在这方面做深入分析。你讨厌什么？阐述具体情况。

（8）从单位和家庭中认识自己。你在单位的表现如何，地位如何，同事怎么看你，你在家里的情况怎么样，对家庭是否有责任心，全家人怎么看你，你的父母亲、配偶怎么看你，孩子怎么看你。

（9）从生理和心理上认识自己。生理主要是指身体是否健康。心理包括的内容要多，比如，心理是否健康，心理品质如何等。分析自己的生理和心理，目的是为了更科学地评价自己。这样的评价会更全面，更准确。

（10）用传统的或者科学的方法认识自己。在人类历史上有许多如何识人识己的方法，我们可以拿来借鉴。

## 2.不理睬那个谁谁谁在说你

1900年7月，在浩渺无边的大西洋上，海风怒吼，巨浪滔天，暴风雨中，一叶小舟一会儿冲上浪尖，一会儿跌入波谷，恶劣的天气和狂风巨浪似乎要将它撕个粉碎。驾驶这叶小舟的金发碧眼年轻人是一位德国的医学博士，名叫林德曼。大海无情，曾经吞噬过无数鲜活的生命。为什么他要孤身一人进行这危险的航行？为什么还要选择这样恶劣的天气？

林德曼在德国从事的是精神病学研究，出于对这份职业的执着，他正在以自己的生命为代价，进行着一项亘古未有的心理学实验。

林德曼博士在医疗实践中发现，许多人之所以成为精神病患者，主要是因为他们感情脆弱，缺乏坚强的意志，心理承受能力差,经受不住失败和困难的考验,关键时刻失去了对自己的信心。有些看上去体格非常健壮的人,后来却因为承受不住心理的压力而精神崩溃。林德曼认为:一个人保持身心健康的关键,是要永远自信!

当时,德国举国上下正在掀起一场独舟横渡大西洋的探险热潮,全国先后有100多位勇士驾舟横渡大西洋,但结果均遭失败,无一生还。消息传来,舆论界一片哗然,认为这项活动纯属冒险,它超过了人体承受能力的极限,是极其残酷的"自杀"行为。

林德曼却不这么认为。经过对这些勇士遇难情况的认真分析,他认为这些遇难的人并不是从肉体上败下阵来的,而主要是死于精神上的崩溃,死于恐怖和绝望。

林德曼的观点遭到了舆论的质疑:探险勇士难道还不够自信?为了验证自己的观点,林德曼不顾亲人和朋友的坚决反对,决定亲自做一次横渡大西洋的试验。

在航行中,林德曼遇到了许多难以想象的困难。在漫漫的航程中,孤独、寂寞、疾病、体力和精力的消耗,都在消磨着他的意志。特别是在航行最后的18天中,他遇上了强大的季风,小船的桅杆折断了,船舷被海浪打裂了,船舱进水了。林德曼必须把舵紧紧地捆在腰上,腾出手来拼命地往外舀船舱里的水。

在和滔天巨浪搏斗的整整三天三夜中,他没有吃一粒米,没有合一下眼。那场面真是惊心动魄,九死一生。多少次他感到坚持不住了,自己不行了,有时眼前甚至出现了幻觉,准备放弃了；但每当这个时候，他就狠狠地掐自己的胳膊，直到感觉到疼痛，然后激励自己："林德曼，你不是懦夫，你不会葬身大海，你一定会成功的！再坚持一天，就能到达胜利的彼岸。"

"我一定会成功！"林德曼在心中反复地呼喊着这几个字。生的希望支持着林德曼，最后他终于成功了。

"100多人都失败了，我为什么能成功呢？"他说，"我一直相信自己一定能成功。即使在最困难的时候，我也以此自励！这个信念已经和我身体的每一个细胞融为一体。"

如果你听说过或者看过《英国达人秀》这个节目，那么你对"苏珊大妈"这个名字绝对不会陌生——

苏珊大妈的名字叫做苏珊·波伊儿，她从小生活在英国一个无名的小山村。由于智力的缘故，她不能很好地完成学业，也没有爱情之光照进她的人生。当她的妈妈死后，她只能和小猫小狗等动物在一起，过着孤独的生活。

然而苏珊从小就有一个梦想：她想唱歌，梦想成为伊莲·佩姬那样的歌星。

她的生活很孤独，她的生活缺乏保障，这些都没有浇灭苏珊心中的梦想。她加入了教堂的唱诗班，成为其中的一员，多年来一直坚持唱歌。

苏珊站在《英国达人秀》舞台上时显得有些紧张，她从来没有参加过如此隆重的节目。这位体态肥胖、长相平平的妇人一上台，台下便传来一阵哄笑，包括评委在内，所有观众对于这个妇人都缺乏最基本的尊重。由于智力原因，苏珊有些口吃，在回答评委们问话的时候含糊不清，评委们那些不怀好意的问话，似乎也是在有意让她出丑。当苏珊说自己的梦想是成为伊莲·佩姬那样的人时，台下再次哄堂大笑，这位长相丑陋的山野妇人如何能同那位著名的歌唱家相比？

当音乐响起，苏珊大妈忘我地唱了起来，丝毫没有受到刚才观众们的影响。台下一下子变得安静起来，苏珊那天籁般的声音让他们震惊，他们深深为之折服，所有的观众都凝神屏息，享受着音乐时刻。当她一曲唱毕，全场响起了热烈的掌声与欢呼声，这次大家是为她的精彩表演而喝彩！一向苛刻的评委摩根，也称赞她是他在三年选秀节目中见到的最大的惊喜。

苏珊成功了，她的歌声在世界范围内回荡，伊莲·佩姬也热情地与她会面，并同她合作演出，苏珊终于成为了跟自己偶像一样的歌星。


苏珊取得成功时，已经47岁。在许多人看来，她早应该过了"做梦"的年纪，然而只要自己心中有梦，又何必害怕别人怎么说？

不管面对什么样的质疑，不论在什么样的困境中，唯一能拯救你的是你自己，是你自己的信心；唯一能打垮你的也是你自己，是你自己的灰心。

所以，走自己的路，让那个谁谁谁尽管说你去吧。

## 3.任何一样东西，都可能是"甲之砒霜，乙之熊掌"

劣势的定义是什么？是别人有，而你没有的？不，恰恰相反，劣势是你独有的东西，只是在此时此刻，它还不能创造价值，不能成为对你有用的一部分而已，所以才称之为劣势。那么，这样说来，在这样一个讲究个性、讲究独创性、讲究独有性的年代，有劣势大可不必皱眉头，你要做的是换一个角度看待劣势，想办法变废为宝，将其化为优势！

林艺师李声余以一名科技特派员的身份，于2005年初来到阳新龙港镇阮家畈村扶贫。这个村子虽然有三百多亩橘园，但由于多年疏于管理，橘园内已杂草丛生，病虫害相当严重。而且橘子价格近年来持续偏低，长期以来，橘园里的橘树丝毫不能创造价值。

考察完以后，李声余总结出造成阮家畈村贫困的几点原因：强壮的劳动力多半外出打工，留守在家的只是老人和孩子，致使农业生产搞不起来；村民对果树的嫁接、修剪技术等一窍不通，无法靠经营橘园致富；许多农民对从事农业生产缺乏积极性，身为农民连自己吃的粮食都是买来的。

在村民大会上，村民们普遍认为现在橘子价钱太低，种橘子不划算,不如干脆将橘树砍掉,重新栽种别的果树。李声余对此极力阻止,他认为这么大一片橘园,砍掉重新建设的代价太大,而且收效时间较长,不利于村民脱贫致富,倒不如将其进行改造。

经过一番细致的考察,李声余发现与该村接壤的通山县种植的长红橙是一个好品种,不仅产量高,味道好,而且产地价每斤两元,超市价达到每斤六元。当年秋天,正好赶上长红橙嫁接的最佳季节,于是李声余与通山县一批技术熟练的农民一起,利用一周时间对阮家畈村三百亩橘园进行了全面改造,每棵树的6~8个主枝头都嫁接上了长红橙。

经过两年的努力,一个已经荒废的橘园变成了硕果累累的橙园。


这是一个因"变通"而取得成果的故事,保持原有的"劣势",不将其彻底推翻根除,而是稍作变通,劣势就由此变为优势,并让人看到了希望和前景,最后在短时间内获得了实际的经济效益。整个事件,很有些"点石成金"的味道,而这种神奇并非就那么难,它完全可以发生在你的生活中,让本来处于劣势的你变成优势。

而在优劣势的转换中,怎样才能够物尽其用、人尽其用也是一门深奥的学问。只有把自己放在最擅长、最合适的领域,才能成为优秀的人才。如果让爱因斯坦种田,他未必会比一个农夫种得好,此时他显然处于劣势。但回归到科学界,他便是一个时代甚至超越时代的伟大人物。由此可见,合适的时间,合适的环境，对一个人或事物实在是太重要了。

我国商朝时期曾经有位叫做伊尹的宰相，当由他组织土木工程建设时，他叫四肢强健的人负责挖掘，脊背、肩膀有力的人负责背运，而独眼的人负责测量画线，驼背的负责粉刷地面，人力资源各尽所用，使每个人都做着自己擅长的工作，他们本身的劣势、缺陷因此无影无踪！

美国柯达公司在制作感光材料之时，需要人进入暗室作业，但是问题来了，视力正常的人进入暗室通常不知所措，难以适应。面对这种情况，有一位高层人员忽然有了灵感："惯于在黑暗当中生活的只有盲人，我们何不请盲人来做这项工作？"

结果这一方法果然奏效，盲人在暗室里远胜过常人，工作效率大大提高。

怎样把劣势变成优势，把短处变为长处，柯达的决策层为我们提供了一个思维方向：世界上的事往往就是这样。如作家亦舒所说，任何一样东西，都可能是"甲之砒霜，乙之熊掌"，每一样东西都有它可取的地方和可利用的价值，关键在于你怎么发挥、利用它。所以无论对于大公司、集体团队，还是对于个人，只要细致地分析自身各种能力之间的差异，并忽略或者巧妙地避开它的弊端，劣势也就变成优势了。

以下几个建议可供参考：

第一，在尝试一个新的做法时，失败两次之后，你得思考一下，这是不是你的弱项，是该尽早放弃，还是该用别的方法。

第二，多次在某件事情上遭受失败，特别是可能会造成严重后果的事情上，千万不要抱着侥幸的心理再去试一次。

第三，最明智的就是，要知道那是自己的弱点，不去浪费哪怕是一点点的力气。

# 4.找到自己智能的最佳点

我们都知道，一个人的缺点或者说弱点，就像物理学上的位置变化一样，是一个相对的概念，即是相对于不同的参照系而言的：从这个角度来说是缺点；但是从另外一个角度来看，则可能会变成优点。而且，"江山易改，本性难移"，一个人花在弥补缺点、克服弱点上的时间所产生的效益，要比发挥优势上的时间所产生的效益低得多。假如，有一个比较木讷的人，不善于在大庭广众之下说话；但是他也有自己的优势，他的反应敏锐，对周围形势的判断比较准确，善于抓住对方的心理。如果一个人把时间和精力用在改变和克服说话木讷上面，那么他可能永远都会为克服不了这方面的弱点而感到自卑，也就没有心思来做自己的事业。

诺贝尔化学奖获得者奥托·瓦拉赫，他的成长过程就说明：一个人要想成功，一定要找到自己的优势，并最大限度地发挥自己的优势。

他在读中学时，父母为他选择的是一条文学之路。不料，半个学期下来，老师为他写下了这样的评语："瓦拉赫很用功，但过分拘泥，这样的人绝不可能在文学上有所成就。"

可父母又让他改学油画。可瓦拉赫既不关心构图，又不会润色，对艺术的理解力也不强，成绩在班上总是倒数。学校给他的评语更是令人难以接受："你是绘画艺术上不可造就之才。"面对如此"笨拙"的学生，大多老师认为他不可能成才。可是只有化学老师认为他做事一丝不苟，具备做好化学试验应有的品质，建议他学化学。于是，瓦拉赫智慧的火花一下子被点燃，在同学当中遥遥领先……

人的智能发展不是均衡的，都有长处和短处。一个人一旦找到自己智能的最佳点，便可能取得惊人的成绩。

我们都知道，机遇是可遇而不可求的。自信可以帮助你抓住生活中转瞬即逝的机遇。现在的市场经济为人才提供了许多施展才能的机会，单位的用人制度比以前更灵活了，如果你觉得现在从事的工作，没有把自己的优势发挥出来，那么你可以主动找适合自己的岗位。如果你是刚毕业的，那么不要局限于去一个单位面试，还可主动寻找其他单位，主动寻找机会推荐自己。

比如,有一个成人教育外秘专业专科学生毕业了去自荐和面试,就应该看到自己的优势。他应该看到自己的优势:首先,有上进心,高考虽然落榜,可是依旧没有放弃学习,选择了一门专业且有始有终地学;其次,他的专业适合当前人才市场的需要,外语秘书和办公室自动化等学科比较实用,况且学习也非常好;最后,他还可以找找自己的其他方面的优势。比如协调能力好,责任心强,工作细致,有非常敬业的精神等等。他在面试的时候不妨设法使自己的优势充分表现和发挥出来。而对自己的弱点,则努力克服,如果主观上一时难以克服,也不用自卑。其实他已经成功在望了,这可以从两个方面解释:第一,他知道及时选择并学习一个热门实用的专业,这就等于发现了自己的优势;第二,他知道自荐和面试,把自己主动推向市场,这就等于是抓住了机遇。那么,他只要以后在工作中利用这些优势就可以轻轻松松地将自己的才能发挥得淋漓尽致了!

判断一个人能否成功,最主要看他是否最大限度地发挥了自己的优势。这些优势本身的数量并不重要,最重要的是你应该知道自己的优势是什么,之后要做的则是将你的生活、工作和事业发展都建立在你的优势之上,这样你就会成功。

## 5.学他人之长补己之短

没有人是完美无瑕的，努力找出自己和别人内在人格中的优点，保持或效法这些优点，努力改进其他不足之处，人格的特质才会日臻完善。

心理学家指出：其实没有所谓的坏人，只有所谓的坏行为，而坏行为是可以改正的。你可以选择你所钦佩的人，对照自己，找出自己的不良行为，努力效仿他们令人赞叹的特质。纵使在短时间内没能做好，也用不着沮丧。因为改造品格特质的事，可能需要用上一生的时间来完成。但值得庆幸的是，这和其他的事一样，愈花工夫，就会变得愈好。

你要找的值得学习的人不必十全十美，况且世界上也没有十全十美的人。你不需要对他们进行单纯的英雄式的崇拜，而是着重学习他们引以为傲的能力。

现实生活中，许多成功者以前都失败过不只一次。歌剧明星卡罗素最初无法唱到最高音，所以他的唱歌老师好几次劝他放弃，但他继续唱歌，最后被大家公认为是世界上最伟大的男高音歌唱家；爱迪生的老师称他为劣等生，而且在以后的电灯发明中，他曾失败了14000次之多；林肯的失败是众所周知的，但是没有人认为他是一个失败者；爱因斯坦也曾数学不及格；亨利·福特在40岁时破产……

别在意你心目中的英雄有缺陷，学习他们值得尊敬的特质吧。把你自己的性格和那些在工作领域里卓然有成的人相比，分析他们在成功过程中养成的特质，你就会对如何改善自己有明确的目标。

比较可以带来进步，要在比较中学习。

你与所有成功的人一样，一生下来就被赋予同等的机遇、同等的成功权利。因此，找出你要学习的优秀人格特质，去全力以赴地行动，塑造一个全新的你，为自己的优势蓄势、蓄力是明智的选择。

人们常说："尺有所短寸有所长。"尽管每个人身上都有难以克服的缺点，但更重要的是每个人身上都有闪闪发光的亮点。一个人有了心胸宽广的品质后，自然会虚心学习别人的长处，借鉴他人的经验，这是成功人士能够立于不败之地的法宝。

如何才能把他人的专长学到手，以下几种方法很重要。

（1）自认无知

学习他人的一个最重要的方法是自认无知，对于大多数人来讲，这样做很难，因为人人都有虚荣心，不愿意承认自己无知。

恰恰是这些虚荣心变成了你前进道路中的最大障碍，如果你坚持认为自己是多么有本事，如何有才能，你的话都可以成为权威和经典，那么你只能遭到别人的唾弃，相反，如果你能承认自己的无知，反而容易引起别人的共鸣，从而得到别人的支持与帮助。

承认无知吧！你会获得意想不到的帮助，这帮助肯定有助于你创造成功人生。

（2）学会倾听

俗话说："忠言逆耳利于行。"假若我们能够放下那颗虚荣心，认真听取别人的意见，肯定能够从别人的意见里，发现自己的许多弊病，这些弊病又是达成成功人生所必须克服的，所谓"以人为镜"正是这个道理。

你一定要记住："知道怎样听别人说话，以及怎样让他开启心扉谈话，是你制胜的唯一法宝。"

人的能力毕竟是有限的，肯定有许多东西是我们个人所无法了解的，通过倾听别人的谈话我们可以获取许多有用的信息，可以分享他们的知识和经验，而你所得到的是别人的好感与支持，哪一个人喜欢总是被别人驳斥呢？

对于大多数人来讲，一生中大多数经历是容易忘怀的，记忆中深深烙下的往往是刻骨铭心的经验，所以如果你能有幸倾听他那最可宝贵的东西无疑会极大地丰富自己。

学会倾听，绝对不是一言不发，那样对方马上会感觉到是在对牛弹琴，索然无味，因此更恰当地说，你应该学会引导对方谈话，诱导他说出他想表露的一些真实的东西和看法。

由于虚荣心理，许多人害怕别人发现自己的不足，害怕会遭到拒绝，要想让对方开启心扉，应该首先让他消除自己的顾虑。一旦别人发现和你在一起很安全，而你又打心眼里赞赏他时，他便会向你开启心扉。

每个人都需要有人一起分享他的感受，可又害怕一旦向人表白，会得不到共鸣，甚至会被人看做悲惨，残酷和自私，假若你相信自己也是自私的，对别人冒犯你的个别行为，站在同一立场上，即使不能接受，也应加以考虑。因为人们的基本情感都是大同小异的，无非爱、恨、恐惧，甚至是不时掠过的自私念头，接受这些并不可怕，因为这才是人的本来面目。

如果你能做到这一点，无形之中便赢得了对方的心，因为对方会觉得自己的情感有人理解，便会全身心地支持你。这对你的成功将起到不可估量的帮助。

当然，有一点值得你注意，当别人向你倾诉心声后，往往期待着你能为他保守秘密，你绝对不能以此为条件去要挟他，更不能随意地把他的经历告诉别人。一旦你失去了他对你的信赖，你就会永远失去他的支持。

（3）肯定他人的长处

虚心学习他人的最重要一条是肯定他人的长处。当我们真心实意地向他人学习时，首先应该对别人的长处加以肯定。前文我们已经说过每个人身上都有闪光的亮点，每个人都期待别人来发现并欣赏他的闪光之处，一旦你能够做到这一点，相信他会把这些东西展现给你。因为大多数人都有一种共同的心理，期待别人的肯定和赞赏。所以他不可能对自己的长处加以隐藏，甚至还会加些炫耀的成分在里边，这些你都大可不理会，给他一个展现的机会吧，你不仅仅是给了他一个机会，得到的却是他的许多智慧结晶。这些智慧对你的一生都将有极大的帮助，是你克敌制胜、勇往直前的法宝。

而虚心向他人学习的道理既简单又容易让人理解：一是别

人懂得的知识你未必懂；二是你懂的知识别人未必不懂。

还是让我们再品味一下瑞士民间的那句古话吧："傻瓜从聪明人那里什么也学不到，聪明人却能从傻瓜那儿学到很多。"

## 6.偏离主体优势的人，注定一事无成

如果偏离自己的职业兴趣、专业特长和实际能力去选择，你就失去了自己的优势。

要注重自己的优点，朝着自己的优点的方向设计路线，认真践行就对了（但是一定要找准方向）；然后应该是和自己的过去对比，当有进步了那就是对的，而且不偏离自己的生活理想和目标。

人们常常说，我们要树立高远的目标，但是我们必须千里之行，始于足下。仅仅有远大的目标是不够的。箭发于弓，直中目标，从不偏离轨道，寻找别处的靶子。

在这个世界上，差异是我们每一个人存在的理由。一个人的个性（品质、特征、特长、爱好）应当成为他个人尊严最神圣的一部分，也是个人魅力之所在。缺乏个性或不能坚持个性的人必定是平庸之辈，不会得到人们的尊重和爱戴。个性具有内在价值，是一个人最宝贵的资源和财富。我们应当珍惜、保

护和发展自己的优势（个性品质和情趣爱好），并为它骄傲，用以弥补自己的劣势，使自己成为自信、自强、独立、想象力丰富的人。优秀的有独创性的人都有较强的个性，创造性就意味着与众不同，没有特质的个性哪来的创新精神和勇气？

有这样两位年轻人，他们在同一单位工作，一位是日语翻译，一位是英语翻译。两人都是名牌大学毕业的。能力不相上下，个个都是精力旺盛，风华正茂，在单位领导的眼里，两人都是未来的外贸部经理候选人。对此，两人心照不宣，在工作上暗暗较劲，你追我赶，每年的业绩完成得均非常理想。由于单位原先和日商合作，因此经常需要和日本人打交道，理所当然，那位学日语的年轻人经常在公开场合露面。不长时间，他在单位里的影响就超过那位英语翻译。英语翻译不服气，他也是不甘落后的人：他想，照此下去，他肯定会处于劣势，可能还会失去晋升机会。他坐不住了。于是，他决定凭着大学时选修过日语的基础，暗暗学习日语，准备超越对手。几年过去了，他拥有了一张日语等级证书。

他开始尝试着与日商进行会话，帮助营销员处理一些日语的翻译任务。同事们都对他掌握两门语言非常佩服，同时他自己也有一种成就感。但就在他为自己的成绩暗暗骄傲之际，他在翻译澳大利亚商人的贸易合同时把关键词汇弄错了，给公司造成至少10万美元的损失，虽然事后公司通过谈判，挽回了部分损失，但公司董事长因此十分愤怒。他十分内疚，反省再三，这才醒悟过来，这些年忙着学日语，他早已疏于对英语词汇的充实和温习，错误的发生是早晚会出现的。他在自己的专业上败下阵来，然而他的日语即使苦学几载，也无法与对手的水平抗争，他后悔莫及。

无论在学习还是在工作上，一个人想击败对手，往往会忽视自己的主体优势，却沿着对手的思路进行思考，照搬照抄别人的做法。那样注定一事无成。为了避免偏离主体，你要看清自己的优势，可以通过日常生活、学习、工作看到自己的优势和优点，清楚自己的优势和优点在哪些方面，有什么突出的地方。

你需要做到"早"。早发现自己的不良习惯、行为和嗜好，早改进；早看到自己的优势和优点，早培养和早发展优秀品格譬如诚实、自信、坚强，或者一项技能。你只要拥有其中的一项，并且让它很优秀，它就会成为你一生的财富。

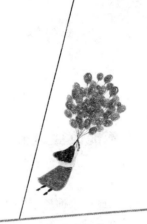

# 第四章

人生路上的每次失去，
都能照亮你的生命

# 1.不能改变过去，但可以利用今天

　　成功永远属于那些不断前进的人。一个平淡无奇的人生也注定是一个碌碌无为的人生，只有踏着荆棘前行的人，才能看到别人看不到的风景。

　　我们都希望自己所做的每一件事永远正确，从而达到自己预期的目的。可是人非圣贤孰能无过，我们不可能做每一件事都万无一失。做了错事难免会悔恨，但是，如果我们总活在悔恨里将自己陷入惭愧和自责，那我们的生活便会停滞不前。一味的悔恨带给我们的只能是消极的心态，我们的生活也会因此而变得索然无味。

　　我们有时候并不能预知失败的到来，可是我们也不能在它来临时坐以待毙。要想重新站起来，我们只能选择坚强。有句话说得好："我不能左右天气，但我可以改变心情；我不能决定生命的长度，但是我可以控制生命的宽度；我不能改变过去，但我可以利用今天。"这句话所展现的就是一种积极乐观的心态。确实如此，外界的事情左右不了我们什么，重要的是当下的心态。面对那些不堪的过往，一个聪明人不会徘徊在过去的错误里，他会珍惜眼前，展望未来，重新获得那失去的快乐与成功。

杰尔德太太有几年非常痛苦，甚至有过自杀的念头。这是因为，她感到自己的生活太不幸了。1937年，杰尔德的丈夫不幸去世，那个时候的她非常颓废。安葬完丈夫后，她写信给过去的老板里奥罗西先生，请求他让自己回去做过去的老工作。

杰尔德太太的请求，得到了老板的同意。于是，杰尔德太太重新做起了卖书的工作。她以为，重新工作可以帮助自己从颓丧中解脱出来，可是，总是一个人驾车、一个人吃饭的生活几乎使她无法忍受。每天，她都会想起自己的丈夫，不由泪流满面。加上有些地方根本就推销不出去书，她的工作很不顺心，这让她更加怀念丈夫。

杰尔德太太说："那几年，我每天晚上都会想起丈夫去世时的模样，这让我的心里好痛，感觉干什么都没有意义。"1938年春，她来到密苏里州维沙里市推销书。那里的学校很穷，路又很不好走。她一个人又孤独、又沮丧，以至于有一次甚至想自杀。

这一切，都让杰尔德太太感到未来已经没什么希望，生活也毫无乐趣。她什么都怕：怕付不出分期付款的车钱，怕付不起房租，怕身体垮了没钱看病。

后来，杰尔德太太看了一篇文章，其中的一句话让她震动颇大："对于一个聪明人来说，每一天都是一个新的生命。"杰尔德太太用打字机把这句话打下来，贴在汽车的挡风玻璃上。

渐渐地，杰尔德太太感到，其实每一天的生活并非那么艰难，只要学会忘记过去，那么自己就会轻松得多。每天清晨她都对自己说："今天又是一个新的生命。"

一年后，杰尔德太太已经彻底恢复健康，她说："我现在知道，不论在生活中会遇上什么问题，我都不会再害怕了。我现在知道，我不必活在过去！"

昨天的负担永远堆在心头，它必将成为今天的障碍，明天的毒瘤。总盯着昨天，也许你会得到一个"不忘本、忠诚"的美名，可是那份痛彻心扉的煎熬，却是只有你一个人去体会的。一个美名，一个快乐的人生，孰轻孰重，相信只要是一个正常人，就会做出准确的判断。

所以，面对过去的伤痛，我们应当做的事情是学会忘记，而不是在嘴里、在心中念念不忘。即使你每天祈祷一百遍，你也不可能回到事情发生之前，做出避免的措施。我们必须养成一个良好的习惯，生活在完全独立的今天。生命正以令人难以置信的速度飞快地溜走，今天才是最值得我们珍视的。过去的阴影，就让它如风一般消散吧！

贝多芬出生于贫寒的家庭，父亲是歌剧演员，性格粗鲁，爱酗酒，母亲是个女仆。贝多芬本人相貌丑陋，童年和少年时代生活清苦，还经常遭到父亲打骂。他11岁就加入戏院乐队，13岁当大风琴手。17岁那年，他的母亲逝世了，他要独自一人承担着两个兄弟教育的责任。

1793年11月贝多芬离开了故乡波恩，前往音乐之都维也纳。不久，痛苦叩响了他的生命之门。从1796年开始，贝多芬的耳朵日夜作响，听觉越来越衰退。起初，他独自一人守着这可怕的秘密。1801年，贝多芬爱上了朱列塔·圭恰迪尔，他把《月光奏鸣曲》献给她。但是幼稚自私而且爱慕虚荣的朱列塔太不理解他崇高的灵魂，并于1803年与他人结婚。这是令贝多芬绝望的时刻，他甚至曾写下了遗书，想要结束自己的生命。肉体与精神的双重折磨，都反映在他这一时期《幻想奏鸣曲》《克勒策奏鸣曲》等作品中。当时席卷欧洲的革命波及了维也纳，贝多芬的情绪开始高涨，他于这时创作了《英雄交响曲》《热情奏鸣曲》等作品。

1806年5月贝多芬与布伦瑞克小姐订婚，爱情的美好产生了一系列伟大的作品。不幸的是，爱情又一次把他遗弃了，未婚妻和另外的人结婚了。不过这时贝多芬正处于创作的极盛时期，对一切都无所顾虑。他受到世人瞩目，与光荣接踵而来的却是最悲惨的时期：经济困窘，亲朋好友一个个死亡离散，耳朵也已全聋，和人们的交流只能在纸上进行。但是，苦难并没有让贝多芬屈服，反而让他变得更加顽强，正是在这种最艰难的处境下，他奏响了命运的最强音，创作了代表了他音乐生涯巅峰的《命运》《合唱》等作品，为当时的世界和后人展现了一个永不向命运屈服的灵魂。


有句话说得很好：无论你多么悲伤，牛奶也不可能再回到瓶子里，所以不要为打翻的牛奶而哭泣。生活也是如此，过去的岁月不可能重复，过去的事情不可能更改，我们只有选择好好地活在当下。

过去的失败固然会让我们悲痛万分，可是我们应该学会忘记，时刻告诫自己即使你每天祈祷100遍，你也不可能回到从前，做出避免失败的措施。

生活在当今快节奏的社会，时间正在以令人难以置信的速度飞快地溜走，所以我们没有太多时间缅怀过去，今天才是最值得我们珍视的。

## 2.相信"我能"，突破自我设限

约瑟夫·墨菲曾经做过这样一个实验：

上班一族习惯在晚上睡觉之前用闹钟给自己设定一个起床的时间，这样就可以安心睡觉，等待第二天闹钟将自己叫醒。但是如果哪天忘记了设置闹钟，第二天早上大多数的人都会起晚。可墨菲教授却认为即使不用定闹钟也可以用另外一种方法准时起床。什么样的方法呢？

接下来，实验开始了。晚上很晚了，你开始上床睡觉，这时候你会发现自己已经昏昏沉沉，当你躺下的时候，很快就会失去意识，但这时你一定要告诉自己："明天是星期五，早上6点25分必须要清醒！"切记，一定要把脑中的闹钟比实际起床的时间调快5分钟,然后再继续睡觉。相信第二天早上你一定就会在6点25分很准时地醒来。

也许有人会问:"这是怎么回事?我能做到吗?"墨菲教授会肯定地回答说:"你能!这就是心理闹钟,完全是你的潜意识在帮助你准时起床。"

通过这个实验,我们可以看出潜意识的神秘力量是非常巨大的,只要你内心充满了那种想要实现某种做法的潜意识,那么它就一定能够帮助你实现,而且这种神秘的力量不但可以帮助你实现理想,更能够操纵和改变你的命运。

"我能"是激发潜意识的内在能量的一个重要环节。

每个人都有巨大的潜能,只是有的人潜能已苏醒了,有的人潜能却还在沉睡。任何成功者都不是天生的,成功的必要条件就是将自己无穷无尽的潜能开发出来。他们不会给自己的内心套上枷锁,即使前面没有大山,也会觉得前面的路被一座大山挡住,然后告诉自己:我不行,我做不到,我害怕。相反,他们给自己的内心一片自由的蓝天,让它无限自由地翱翔,这才有了一飞冲天的豪情。

因此只要内心没有枷锁,抱着积极的心态去开发潜能,你就会有用不完的能量,能力就会越来越强,离成功也就会越来越近。相反,如果抱着消极的心态,不去开发自己的潜能,任它沉睡,那你就只能哀叹命运的"不公"了。

成功殿堂的大门,不是任意通行的,每一个进入者都要拥有自己打造的钥匙。开启成功之门的钥匙,必须由我们亲自来锻造。锻造的过程，就是挖掘潜能、释放潜能的过程。假如你见了生人就害羞，不敢与人交谈，或者惧怕陌生的环境；假如你有类似的面部抽搐、不必要的眨眼、颤抖、小动作、难以入眠等"紧张症状"；假如你畏首畏尾、不敢争取，甚至经常觉得忧愁、焦虑和神经紧绷等，说明你在严重压抑自己的个性，内心已然套上了沉重的枷锁不能自拔。对事情你过于谨慎，行事顾虑过多，限制了潜能的释放，阻碍了才能的发挥。

"压抑个性"是对个人潜能的一种严重损毁，具有压抑个性的个人不能表现内在的创造性自我，因而显得停滞、退缩、禁锢、束缚，拒绝表现自己、害怕成为自己，把真正的自我紧锁于内心深处，思维也几乎陷于停顿。这样潜能不但没有释放，反而消耗在终日疲惫不堪的状态中。

即使你现在仍沉浸在消极的想法中，但只要你开始"救赎"自己——你便能从谬误和谬误导致的结果中解脱出来。

一个人，无论他的能力多么突出，才华多么出众，学识多么渊博，最终决定他能否成功的却只有一项因素——他的意念——即他认为自己能取得多大的成就。

## 3.可以输掉几场竞赛，却不能输掉自信

自信，一生都需要，不能一时有一时无。但是，人生旅途有一场接一场的比赛，输赢都是难免的。赢了，自信很容易建立和恢复；输了，自信很容易削弱，甚至丧失。然而，下一轮比赛马上开始，更需要挺起自己的脊梁，需要勇敢地面对新一轮的竞赛。

因此，可以输掉几场竞赛，却不能输掉自信。

有一个人文化程度不高，失业了，看到微软招清洁工的信息，就去应聘。经过面试和实际操作测试，表现不错，人事部门告诉他被录取了，向他要email邮箱，以寄发录取通知和其他的文件。

他说："我没有电脑，更别提email邮箱了。"人事部门告诉他："对微软来说，没有email的人等于不存在，所以微软不能用。"

他很失望，但是没办法，只好离开微软。出来之后，口袋里只有10美元。为了继续活下去，他到便利店去买了10公斤的马铃薯，然后在附近挨家挨户去推销。两个钟头后，10公斤马铃薯被他卖光了，获利100%。

随后他又做了好几次这样的生意，把本钱也增加了一倍。

他发现，这样可以挣钱养活自己。于是，他认真地做起这种生意来。运气加上努力，他的生意越做越大，还买了车，雇了员工。5年后，他建立了一个很大的"挨家挨户"的贩售公司，提供人们只要在自家门口就可以买到新鲜蔬菜瓜果的服务。

生意成功后，他考虑到为家人规划未来，于是计划买一份保险。签约时，业务员问他要email邮箱。他再次说出："我没有电脑，更别提email邮箱了。"

业务员很惊讶："您有这样一个大公司，却没有email。想想看，如果您有电脑和email，可以做多少事！"

他说："如果有电脑和email，我会成为微软的清洁工。"

输了一次不等于接着再输，一个方面输了不等于满盘皆输。只要你挺起自己的脊梁，勇敢地面对现实，认真地思考积极地行动，就能在新一轮的竞赛中赢得胜利，甚至收获更多。

我们生活在一个充满竞争的时代，人类社会是一个全能竞技场，每个人都是这个竞技场上的运动员。不管你愿不愿意，一项接一项的竞赛免不了。既然是竞赛，就肯定有输有赢，要争取赢、避免输，力争不败，这是每个人的愿望。不过，胜败乃兵家常事，每个人都会有输的时候。在一些竞赛中输了，败下阵了，实属平常，没有谁是全胜的。

输了一项比赛，甚至连输几场，不可怕，人生的竞技场上还有无穷无尽的竞赛项目，还有翻身的机会，还有胜多输少的可能。而且，与体育赛场不同的是，在人生竞技场上，即使你以前多个项目都失利、失败，只要在一个重要项目上获胜，你就是胜利者，是赢家。更重要的，人生竞技场上的竞赛项目不是固定的，也不是都由别人确定，你可以为自己创造全新的竞赛项目，自己率先做新项目的冠军。

就像上个故事里的主人翁，不懂电脑，跟不上时代的步伐，没有现代通讯的基本工具，因此，失去了一次在微软就业的机会。但是，他找到了不需要有email邮箱的机会，创造了一个新项目，自己当冠军，得到了很好的回报。这份回报，比他进入微软做清洁工的回报要大很多。

尺有所短，寸有所长。在人生的竞技场上，每个人都有自己的强项和弱项。在某个方面弱不等于其他方面不强，在一项大赛中输了，不等于遇不到自己的强项，不等于下一项比赛也无力战胜对手。

考场上输了，没有考上一流大学，不等于在大学的学业上就会输给在一流大学的同龄人。只要大学期间认真学习，不虚度光阴，不沉迷在虚拟世界里，毕业的时候就不会在学业上输给其他人。

学历不高，在学习的赛场上输了，不等于在职场上也会输。事实上，学历不等于学力——学习的能力，更不代表能力。只要保持自信，找到适合自己的岗位，积极敬业，就会在职场上顺畅发展，甚至赢过学历高的人。

在一家甚至多家公司求职应聘的时候输了，没有被录用，不等于你的下一次也会被拒绝。每家机构需求不同，重视的东西不同，主考官的眼光不同。只要保持自信，认真做好准备，寻找到合适的岗位，恰当地展示自己的亮点，就会有人发现你的价值，找到合适的工作。

一份工作没有做好，工作业绩不高，被辞退了，在职场上输了一局，不等于下一份工作也做不好。只要保持自信，在合适的岗位上踏实勤勉，把自己的才华更好地施展出来，就能取得出色的业绩，赢得赞赏和奖励。

一个女孩拒绝你，情场上输了一局，不等于另一个女孩也会拒绝你。只要保持自信，积极寻找缘分，找到互相欣赏的人，付出真爱，就一定能赢得芳心。

一个创业项目失败了，商海里输了一局，不等于你再去创业还会输。只要保持自信，理性地分析，尽量避开风险，抓住合适的机会，坚持不懈地努力，就会有丰硕的收获，创造出非凡的大业。

东边日出西边雨，东方不亮西方亮。每一块土地都有适合的种子，每一粒种子都有适合的土地。无论是大自然还是人类社会，都是这样。人生竞技场上输了几场比赛并不可怕，也不等于失败。输了信心，精神脊梁没了，才最可怕，也是最大的失败。

不要让"输"削弱你的自信，更不要被"输"摧毁你的自信！保持自信，继续挺起自己的精神脊梁，勇敢地面对新一轮的竞赛、争取新一轮的竞赛、创造新一轮的竞赛。这是以后获胜的前提。否则，只会一败再败，输得一塌糊涂，最后一生惨淡了。

当你遭遇一次"输"的时候，别趴下，告诉自己："弱项输了，还有强项，赢的机会在等待我。"

然后轻装上阵，去迎接、去寻找新一轮的竞赛。

## 4.说"难"前,先问自己是否竭尽全力

遭遇挫折并不可怕,可怕的是因挫折而产生的对自己能力的怀疑。只要精神不倒,敢于放手一搏,就有胜利的希望。但是很多人在困难面前,还没有付出自己最大的努力,便急忙放弃。世上无难事,只怕有心人。只要你有战胜困难的一颗心,那么,就没有什么难的。在说一件事情难之前,我们首先应该先问自己,已经竭尽全力了吗?

我们之所以说一件事情很难,往往是因为我们并没有尽到自己最大的努力!虽然我们嘴上说自己已经"尽力"了,其实我们的能力还没有发挥出来。我们口中的"难",其实只是自己不愿意战胜困难的一种借口而已。

在面对眼前的困难的时候,先把"不可能"放到一边,只想自己是否竭尽全力。学会想尽一切办法、尽一切可能去努力解决掉问题。世界上没有"天大的问题",任何问题都会解决;没有天大的困难,只有面对困难时没有尽力造成的遗憾和悔恨。

遇到困难就拿出自己百分百的努力来解决,不要给自己的人生打折扣,如果将困难时候的努力打折扣,那么你的成功也会打折扣。

　　24岁的海军军官卡特，应召去见将军海曼·李科弗。将军让卡特挑选任何他愿意谈论并且擅长的话题，然后将军再和卡特去讨论，结果每次将军都将他问得直冒冷汗。卡特才发现自己懂得实在是太少了。在谈话结束的时候，将军问他在海军学校的学习成绩怎样，卡特立即自豪地说："将军，在820人的一个班中，我名列59名。"将军皱了皱眉头，问："为什么你不是第一名呢，你竭尽全力了吗？"此话如当头一棒，影响了卡特的一生。此后，他做任何事情都竭尽全力，后来成为了美国总统。竭尽全力，就是要把意识的焦点对准如何解决问题，不给自己任何敷衍和偷懒的借口。

　　土光敏夫是影响日本经济界的人物之一。他在重整东芝公司时，遇到了资金不足的困难。因为当时正处于战后时期，要筹到足够的资金简直难于登天。别说是筹到足够的资金，就是一小部分的启动资金也是不可能的。他去银行申请贷款，但银行部长却对他爱理不理。经过他不断的努力，部长的态度比以前好些，但对贷款的事情仍绝口不提。

　　但是时间不会停止等待他去筹钱，如果在两天内仍然没有资金投入，那么，公司将不得不全线停工。土光敏夫想了很久，终于决定破釜沉舟，要想尽一切办法迫使部长答应。他让秘书给他拿来一个大包，在街上买了两盒盒饭放在里面，然后提着赶到银行。一见部长，他就开始跟部长谈，希望给他贷款。但对方仍是不答应。双方又展开了一场舌战，不知不觉已经到了下午下班的时间。部长一看下班了如释重负，提起公文包准备回家吃饭。不料土光敏夫却从袋子里拿出盒饭说:"部长先生,我知道你工作辛苦了,但是为了我们能够长谈,我特意把饭准备了。希望你不要嫌弃这寒酸的盒饭。等我们公司好转后,我们会再感谢你这位大恩人。"面对土光敏夫这样的执着,部长真是无可奈何。但也正是因为他的这份坚毅,部长最终批准了他的贷款申请。

在面对一些困难的时候,我们往往认为自己已经尽力了,但实际上我们并没有竭尽全力!我们之所以说事情艰难,就是因为我们没有尽到最大努力。我们说自己已经尽力了,实际上我们并没有把全部潜力发挥出来。所以,面对问题和困难的时候,我们永远不要先说难,而要先问一问自己是否已经竭尽全力。

难,是我们用来拒绝努力的常用理由。但是,问题真的是那么难解决吗?关键的一点,就是先把"不可能"的想法放在一边,而只想自己是否完全尽力,是否想尽了一切办法,尽了一切可能。如果将心灵的焦点对准"难",那么大脑也会随后找出千万个理由,证明真的很"难",人就很容易屈服,面对如此"难"问题很自然就产生畏惧心理,畏惧使人无法冷静地应对问题,甚至导致行动的瘫痪。

所以当你面对困难的时候,先不要问难不难,而要想自己是否尽了最大努力,这样你就会把注意力集中在尽力挖掘自己的潜能上,这样反倒更容易解决问题。

## 5.做个自己拿主意的人

一个小男孩，很想当画家，却一点主见都没有，而且还不自信。每画完一张画，他都要问家人，画得怎么样，哪些地方需要修改。这天，他又完成了一幅有山、有水、有屋子的画，拿给家人看。

爸爸看了他的画，遗憾地说："哦，画得有点僵硬。应该把房子的颜色改成白色，那样会显得高贵一点。"男孩听了，就按照爸爸的意见做了修改。

然后，他又把画拿给妈妈看，妈妈看完，抚摸着他的头说："颜色太单调的东西没人爱看，你应该改得艳丽一点。"男孩又采纳了妈妈的意见。

当哥哥看到他的画的时候，建议道："我爱看抽象画，不如把你的画改得更加抽象一点吧！"男孩赶紧按哥哥的意见改成了抽象画。

当男孩把画拿给姐姐看的时候，姐姐惊叫起来："你拿张被染料弄脏的破纸给我干吗？别弄脏了我的衣服！"

男孩摸摸脑袋，怎么也想不明白，明明是一幅有山、有水、有屋子的画，怎么就变成一张脏纸了。

男孩把所有的时间都用在采纳别人的意见上，他想采纳别人的意见让自己的画更完美，可遗憾的是，偏偏每个人的意见都不同。别人的意见不仅没有帮助他得到提升，反而让他好好的一幅画变成了废纸。一味听信于人，让他丧失了自己。他能成为一个画家吗？不能！

想一想，你是否也跟这个男孩一样，没有自己的思想……好不容易找到了一份自己喜欢的工作，因为朋友一个鄙夷的眼神，你便对工作失去了信心；好不容易结交到一个心仪的异性，就因为父母一句不满意的话，结果断送了一桩美好的姻缘。

可能你会说："我也想自己拿主意，有自己的主见，可是我真的很害怕选择失误，怕做错事，那样的话，还不如听别人的意见呢。"

当然，别人的意见能让你全方位、客观地认识问题，采纳他人建议也未尝不是一件好事。只不过，如果每次一遇到事情就依赖别人，自己主动放弃发言权和决策权，久而久之，你就会变成一个没有主见、命运受别人意见摆布的人。

一家公司有一位调车人员尼克，他工作相当认真，做事也很负责尽职，不过他有一个缺点，就是他对人生很悲观，常以否定的眼光去看世界。有一天，铁路公司的职员都赶着去给老板过生日，大家都提早急急忙忙地走了。不巧的是，尼克竟被不小心关在一辆冰柜车里。

尼克在冰柜里拼命地敲打着、叫喊着，但是全公司的人都走了，根本没有人听得到。尼克的手掌敲得红肿，喉咙叫得沙哑，也没人理睬，最后只得绝望地坐在地上喘息。

他愈想愈可怕，心想，冰柜的温度在零下20度以下，如果再不出去，一定会被冻死。他只好用发抖的手，找来纸笔，写下遗书。

第二天早上，公司里的职员陆续来上班。他们打开冰柜，发现尼克倒在里面。他们将尼克送去急救，但他已没有生还的可能。大家都很惊讶，因为冰柜里的制冷开关并没有启动，这巨大的冰柜里也有足够的氧气，而尼克竟然给"冻"死了！

其实尼克并非死于冰柜的温度，他是死于自己心中的恐惧。因为他根本不敢相信一向不能轻易停冻的冰柜车，这一天恰巧因要维修而未启动制冷系统。他的不敢相信使他连试一试的念头都没有产生，他所想到的全是别人在同样的情况下所得到的后果。

有一名佛教信徒遇到了难事，便去寺庙求拜观音菩萨帮助。可他发现观音菩萨也跪在那里，他感到很困惑：为什么她要拜她自己呢？观音说："因为求人不如求自己！"观音的一句简短的话蕴含了不少的人生道理。成功的个性是坚持依靠自己，拒绝依靠他人。除了你自己，谁也不能对你负责。

要做一个自己拿主意的人，其实很简单，如果你尝试做到下面这些，你就会得到改变：

（1）相信自己能做好决定

主见，其实是一种相信自己能力和自己选择的自信心理。一个人自己都不相信自己的时候，很容易被别人一句话打倒，害怕做出错误的判断和决定，所以让别人去决定。有时候，你之所以不相信自己的能力，是因为你太相信别人的能力。其实，只要你按自己的想法做了，不一定会比别人差。

（2）有独立思考和判断的能力

养成自己思考的习惯，不要随意附和别人，别人的意见只能供你参考。现在的年轻人大多不爱思考，有问题就直接上百度，找不出参考资料就写不出文章，没有参考答案就做不出决定。因为不想费神思考，久而久之，就形成了一种依赖思想。这时候，别人的思想不仅没有帮到你，反而限制了你的思维。

除此之外，也不要让自己的思想受到习惯思维模式的束缚。

（3）大胆地承担失败的后果

很多人之所以没有主见，并不是他能力不够，而是他害怕承担失败的责任，做事患得患失。他们往往抱有这样的心理：与其做了错误的决定后遭人指责，还不如开始就让贤。可能有很多事你做得不如别人好，这没关系，只要你认真做了，只要你比昨天做得好，就该为自己喝彩，为自己加油鼓掌。否则，你永远体会不到成功后的喜悦。

## 6.提高你的逆境商数

一个人逆境商数愈高，愈能以弹性面对逆境，积极乐观，接受困难的挑战，发挥创意找出解决方案，因此能不屈不挠，愈挫愈勇，而终究表现卓越。

相反，逆境商数低的人，则会感到沮丧、迷失，处处抱怨，逃避挑战，缺乏创意，而往往半途而废、自暴自弃，终究一事无成。

逆境商数不但与我们的工作表现息息相关，更是一个人是否快乐的关键。尤其在大环境不景气的当下，不论是在职或待业，突发状况的发生几率都会提高，因此练就一身回应逆境的好本领，就愈显重要了。

一位女儿对父亲抱怨她的生活，她已厌倦抗争和奋斗，想要自暴自弃。

她的父亲把她带进厨房，分别往三只烧开了水的锅里放了胡萝卜、鸡蛋以及咖啡粉。大约20分钟后，父亲把火关了，问女儿："亲爱的，你看见什么了？"女儿一脸茫然。

父亲解释道，这三样东西面临同样的逆境——煮沸的开水，但其反应各不相同。胡萝卜入锅之前是强壮的，但进入开水之后，它变软了。鸡蛋原来是易碎的，但是经开水一煮，它的内脏变硬了。而咖啡粉则很独特,进入沸水之后,它们倒改变了水。

"哪个是你呢?"他反问女儿。

当逆境找上门来时,你该如何反应?你是胡萝卜,是鸡蛋,还是咖啡粉?面对逆境,有的人自暴自弃,有的人却越挫越勇。

那么,行走职场,你是否也在经受来自"逆商"的考验?你的"逆商"指数有多高?眼下的挫折又能否变为财富?

外科医生阿费列德在解剖尸体时发现一个奇怪现象:那些患病器官并不像我们想象的那样糟,相反却比其他健康器官的机能还要强。经过深入研究,他发现,这是因为这些器官在与疾病的长期抗争中,因不断经受考验而变得越来越强。在给美术学院学生治病时,阿费列德又发现了一个奇怪现象:这些学生的视力大不如其他专业的学生,有的甚至是色盲。缺陷没有成为他们的"拦路虎",反而成为他们前行的"原动力"。由此,阿费列德提出了著名的"跨栏定理":你面前的栏越高你跳得也就越高。即,一个人的成就大小往往取决于他所遇到的困难的难易程度。

许多人得到成功和进步,并不是因为他们经历的逆境少,现实恰恰相反。美国的《成功》杂志每年都会评选当年最伟大的东山再起者,他们的传奇经历中都有一个共同点,那就是他们在遇到难以克服的困难时始终保持乐观的态度，从不轻言放弃。实际上，许多成功者正是在逆境、困难的磨炼中成长起来的。无数事实证明，越是优秀的人才，越能在身处逆境时激发活力、释放潜能。

生活中，许多人都不愿遇到困难和矛盾。有时在困难面前，心情焦躁，寝食难安，甚至觉得暗无天日。而一旦克服了困难、解决了矛盾，又觉得欣喜异常，天蓝水美。

实际上，应该学会以平常心来对待矛盾和困难。矛盾无时不在，无处不有。人的一生，不可能永远一帆风顺。活着，就是遇到困难、克服困难，再遇到新困难、再去战胜困难的过程。不断战胜困难、超越自我，正是生命的意义所在。国家女排前主教练陈忠和说得好："人生就像打牌，你拿到一副不好的牌却能打好，这才能体现人生价值。"

# 7.领先一步，多做一点

大家对于工作的态度可能局限在怎么样把自己的本职工作做完，但是并没有想过要多干一点点；可是，也许就是这一点点，就会让老板对你刮目相看。

　　在美国的一家超级市场,有两个小伙子同时在这里工作,刚开始这两个同龄的年轻人拿一样的薪水。后来叫阿诺德的小伙子得到了持续不断的加薪和晋升,而叫布鲁诺的小伙子却仍在原地踏步。

　　起初,布鲁诺没有介意这种不公正待遇。终于有一天,他向总经理吐露心中的不满,总经理一边耐心地听着他的抱怨,一边在心里盘算着怎样向他解释清楚他和阿诺德之间的差距。

　　"布鲁诺先生,"总经理开口说话了,"您今早到集市上去一下,看看今天早上有什么卖的。"

　　布鲁诺从集市上回来向总经理汇报说,今天集市上只有一个农民拉了一车土豆在卖。

　　"有多少?"总经理问。

　　布鲁诺赶快戴上帽子又跑到集市上,然后回来告诉总经理一共有40袋土豆。

　　"价格是多少?"

　　布鲁诺再次到集上问来了价钱。

　　"好吧,"总经理对他说,"现在请您坐到这把椅子上,一句话也不要说,看看阿诺德怎么做。"

　　阿诺德很快就从集市上回来了,并汇报说到现在为止只有一个农民在卖土豆,并了解了数量和价格。土豆质量很不错,他带回来一个让总经理看看。而且这个农民一个钟头以后还弄来几箱西红柿,因为昨天超市里的西红柿卖得很快,库存已经不多了,他想这些西红柿的价格很便宜,总经理肯定要进一些的,所以他不仅带回了一个西红柿做样品,而且把那个农民也带来了，他现在正在外面等回话呢。

此时总经理转向了布鲁诺说："现在您肯定知道为什么阿诺德的薪水比您高了吧?"

看到这里，你是不是在想：我在工作中是怎么做的呢？和阿诺德比起来有什么不足之处？假如你和他做得一样好甚至比他做得还要好，那么，你一定是一位出色的员工，并不担心自己不会升迁。假如你还没有做到，那也没关系，只要从现在开始行动起来，你也会成为一名优秀的员工。

不要把自己所要做的事局限在上司交待的任务上，使自己的能力得到提升的最好办法是多做一点。在做好分内工作的同时，尽量为公司多做一点，这不但可以表现你勤奋的品德，还可以培养你的工作能力，增强你的生存能力。

当然了，领先一步、多做一点不等于是蛮干，要学会做一个聪明的人。在行动之前，先要开动脑筋，思考什么工作需要做，怎么做，怎样才能做好。当你想好了哪件事需要你去做的时候，就不要犹豫了，"该出手时就出手"，也许这样做会多占用你的一些时间和精力，但是，你的行为会为你赢得良好的声誉，并增加他人对你的需要，回报会在不经意间降临到你的身边：你会被加薪，被提升，也可能是以一种间接的方式得到回馈。

一般情况下，在本职工作做好的前提下，能在工作的基础上多干点，或者是眼睛里有活，不用上司吩咐就主动去把下一件事情做好的人，上司都会对他有好感的。只是在做的过程中，要把握好方向，比如不能打听不让你知道的事情，不能做那些影响别人而表现自己能力的事情。

举个小小的例子：假如你是做办公软件的高手，而财务正好有个复杂的表要弄，财务人员没有时间或者不会弄，这时你听说了，不要主动去帮忙，因为公司的财务情况在大部分的情况下都是不让员工知道的，而这个表里可能就有保密的项目。所以，在别人没有请你之前，你最好不要自告奋勇地去帮忙，但是，如果财务部门请你帮忙，而且上司也同意你做，你当然就得全力以赴了。

如果你在一个处于发展阶段的公司，作为公司的员工，你的工作范围会随着公司的发展不断地扩大。那么就不要逃避责任，少说或不说"这不是我应该做的事"，因为，你为公司多出一分力，也就多了一个发展的空间。

只有聪明地领先一步，才会让你变得更优秀！

# 第五章

少为眼前的生活苟且，
多为热血的生命奋斗

## 1.适当放弃一些固执，才能柳暗花明

在人的一生中，要遇到许许多多的选择，无奈的是往往鱼和熊掌不可兼得。在把握命运的十字关口，审慎地运用你的智慧，做出最正确的判断，放弃无谓的固执，冷静地用开放的心胸去做正确的选择。

一对师徒走在路上，一个徒弟发现前方有一块大石头，他就皱着眉头停在石头前面。

师父问他："为什么不走了？"

徒弟苦着脸说："这块石头挡着我的路，我走不过去了，怎么办？"

师父说："路这么宽，你怎么不会绕过去呢？"

徒弟回答道："不，我不想绕，我就想要从这块石头上迈过去！"

师父："可能做到吗？"

徒弟说："我知道很难，但是我就要迈过去，我就要打倒这块大石头，我要战胜它！"

经过艰难的尝试，徒弟一次又一次地失败了。

最后徒弟很痛苦："连这块石头我都不能战胜，我怎么能完成我伟大的理想？"

师父说："你太执着了，对于做不到的事，不要盲目地坚持到底，你要知道有时坚持不如放弃。"

执着过了分，就转变为固执。时刻留意自己执着的意念，是否与成功的法则相抵触；追求成功，并非意味着你必须全盘放弃自己的执着，而来迁就成功法则。你只需在意念上做合理的修正，使之符合成功者的经验及建议，即可走上成功的轻松之道。

一个人理智地放弃他无法实现的梦想，放弃盲目的追求，是人生目标的重新确立，也是自我调整、自我保护的最佳方案。学会放弃，给自己另辟一条新路，往往会柳暗花明。

他是个农民，但他从小的理想是当作家。为此，他一如既往地努力着。10年来，他坚持每天写作500字。每写完一篇，他都改了又改，精心地加工润色，然后再充满希望地寄往各地的报纸、杂志。遗憾的是，尽管他很用功，可他从来没有一篇文章得以发表，甚至连一封退稿信都没有收到过。

29岁那年，他总算收到了第一封退稿信。那是一位他多年来一直坚持投稿的刊物的编辑寄来的，信里写道："看得出你是一个很努力的青年，但我不得不遗憾地告诉你，你的知识面过于狭窄，生活经历也显得过于苍白。但我从你多年的来稿中发现，你的钢笔字越来越出色。"

就是这封退稿信，点醒了他的困惑。他意识到，自己不应该对某些事坚持到底。他毅然放弃写作，而练起了钢笔书法，果然长进很快。现在他已是有名的硬笔书法家。

　　就这样，他让理想转了一个弯，继而柳暗花明，走向了成功。成功之后的他曾向记者感叹：一个人要想成功，理想、勇气、毅力固然重要，但更重要的是，人生路上要懂得舍弃，更要懂得转弯！

　　如果你以相当的精力长期从事一种事业，但仍旧看不到一点进步、一点成功的希望，那就不必浪费时间了，不要再无谓地消耗自己的力量，而应该再去寻找另一片沃土。目标是一种方向，需要恰当地选择。假如你的一个目标发生了问题，应当马上更换一个目标，这样才能挖掘你自己。

　　放弃，并不是让你放弃既定的生活目标、放弃对事业的努力和追求，而是放弃那些已经力所不能及、不现实的生活目标。其实，任何获得都需要付出代价，付出就是一种放弃。人在生活中需要不断做出选择，选择也是一种放弃。

　　放弃不是退缩和隐藏，而是教你如何在衡量自己的处境后有的放矢，聪明睿智地做出正确的选择。

　　当人执拗于某一方面，如金钱、名誉、地位或某项工作时，往往会表现出只专注于此，而不考虑其他的情况。无论是生活的哪个方面，总的策略是"鱼与熊掌兼得"，什么都想要的人其实经常顾此失彼，甚至什么也得不到。在现实社会中，诱惑实在太多了，在诱惑面前我们只有着眼于大局，把握自己不合理的欲望，适当放弃，对不应得的不存非分之想，才是明智的行为。

两千多年前，鲁国的大臣公仪休，是一个嗜鱼如命的人。他被提任宰相以后，鲁国各地有许多人争着给公仪休送鱼。可是，公仪休却正眼都不看，并命令管事人员不可接受。

他的弟弟看到那么多四面八方精选来的活鱼都被退了回去，很是可惜，就问他："哥哥你最喜欢吃鱼，现在却一条也不接受，这是为什么？"

公仪休很严肃地对弟弟说："正因为我爱吃鱼，所以才不接受这些人送的鱼。你以为那帮人是喜欢我、爱护我吗？不是。他们喜欢的是宰相手中的权力，希望这个权力能偏袒他们、压制别人，为他们办事。吃了人家的鱼，就要给送鱼的人办事。执法必然有不公正的地方，不公正的事做多了，天长日久哪能瞒得住人？宰相的官位就会被人撤掉。到那时，不管我多想吃鱼，他们也不会给我送来了，我也没有薪俸买鱼了，现在不接受他们的鱼，公公正正地办事，才能长远地吃鱼，靠人不如靠己呀！"

有一次，一个不知名的人偷偷往他家送了一些鱼，他无法退回，就把鱼挂在家门口，直到几天后鱼变得臭不可闻才把它们扔掉。从那以后，再也没有人敢给他送鱼了。


约束自己的得失之心，懂得为自己的所作所为负责，即使在无人知晓的情况下仍能自律的人，在人生道路上就能把握好自己的命运，不会为得失越轨翻车。

放弃，未必就是怯懦无能的表现，未必就是遇难畏惧、临阵脱逃的借口。有时候，放弃恰恰是心灵高度的跨越，是睿智思索的最佳选择。

能够放弃一些东西，才能得到人生的风景。有时，放弃就是一种高远的目光，就是一种趋利避害，就是以退为进、弃旧图新。学会放弃，人生就会有一个更新、更高的目标。

## 2.以退为进是人生的要求，以舍求得是人生的智慧

人生多不测，我们所面临的事物很可能让我们左右为难，但是人生不测也正孕育着人生的变化和激动。所以，当我们面临难以抉择的事情时，不妨遵循"以退为进"的人生要求，尝试一下"以舍求得"的人生智慧。

商场如战场，商界的竞争硝烟弥漫，胜者为王，败者为寇；然而胜败无定数，塞翁失马焉知非福，"以退为进，以舍求得"的战术被高调运用，而且最后收获到的都是不可估量的喜讯。

可口可乐是美国的品牌，但是在中国的知名度很高，一度引领中国碳酸饮料市场。这跟美国可口可乐公司以退为进的策略不无关系。

最初，美国可口可乐公司为了打开中国市场，并非来势凶

猛，而是以舍求得，他们先向中国提供无偿的可乐灌装设备，提供低价的高质浓缩饮料……中国的市场慢慢被打开，人们越来越喜欢喝可口可乐，对可口可乐越来越依赖。这样，中国饮料市场看到有钱可赚就开始进行生产和销售活动，随着人们对可口可乐的喜爱越来越多，美国可口可乐公司的设备和原料也打开了销路，人们由尝试和被动转变为主动求购和求销。

这样，美国的可口可乐风靡中国，生产企业不断增加，由一家变为八家；产品销量更是翻倍，价格也在不断调高；营销活动也越来越多。然而，人们还是愿意喝美国的可口可乐，"天天可口可乐"的祝福成了人们挂在嘴边的口头禅。美国可口可乐公司利用"以退为进，以舍求得"策略获得了成功。


新事物若想被人们接受，必须要先给人们了解、接受的时间。在被人们了解的时候必须要保持谦虚的态度，适时的退让，是更高一筹的进攻。欲取之，必先予之，要想得到回报，必须有所付出。美国可口可乐公司如果在进入中国市场的时候，就高调出击，产品价格高昂、设备高价难求，那么它就难以被谨慎、节俭、保守的中国人民接受，更不用说得到后来的大发展了。

其实，任何事情都是这样的。人生道路上，困难重重，但是有些人就是能够披荆斩棘。他们在做事情的时候，通常都能够正确地衡量事物得失，懂得进退、舍得之间的奥妙，将人生变得异彩纷呈，轻松快意之间受益良多。

诸葛亮就深谙此道，将进退、舍得的计谋铺展得妙笔生花。

东汉末年,魏、蜀、吴三分天下。蜀汉大业建立以后,诸葛亮又定下北伐的计划,立志重兴汉室,以完成先帝刘备托孤抚邦遗愿。然而,正在这时,蜀国南方的西南夷部落首长孟获却大举进犯蜀国,诸葛亮为了更好地实施北伐大计决定先解决孟获这个后顾之忧。

孟获乃西南夷威高望重、影响力颇大的人,此人心高难服,若强取之,不仅难以让其心服,西南夷大多数人也不会安定。所以,为了将西南夷真正平定,诸葛亮亲自出征。

蜀军主力到达南蛮之地,首战泸水,诸葛亮就大获全胜。事先在山谷中埋下的伏兵,将进入伏击圈的孟获生擒。但是,兵败的孟获如诸葛亮所料的那样并不心服,说胜败兵家常事,下次定能擒住诸葛亮。诸葛亮笑笑不答,断然将孟获释放。孟获回到营地后,拖走了所有的船只,准备守泸水南岸阻击蜀军渡河。但是,却被聪明的诸葛亮从其不设防的下流偷渡而过,而且还袭击了孟获的粮仓。孟获大怒,要惩罚自己的将士,却激起将士的不服。将士相约投降,趁孟获不注意的时候,将他捆绑,拉赴蜀营。可是,孟获仍然不服,于是诸葛亮又将其释放。后来,孟获又想了很多计谋,诈降、毒泉、野兽战、藤甲兵等等,但都落得计谋被破、自己被擒的结果。前前后后,诸葛亮生擒孟获七次。然而,每次都把他放了。最后一次孟获终于被感动了,誓不再反。西南夷成功平定,诸葛亮得以安心进行北伐大业。

诸葛亮七擒七纵,并非儿戏,只是他懂得"以退为进,以舍求得",这样得到的结果更有利、更丰硕。如果他按照兵家战争规律,首战擒获孟获就可以击溃他的军队,打败西南夷。但是,这样却并不能真正地达到平定西南的目的。孟获心有不服,定设计作祟,内外不安;西南人民不服,定设法营救其主,更何况孟获在南方部落威望极高;俘获了孟获,西南还有其他小部落,这些部落主很可能会成为下一个孟获,蜀地西南仍然不能安定。而诸葛亮这样的做法,不仅降伏了孟获,还平定了西南夷,孟获不反,西南夷的其他人更是不会反。让孟获心服,其实是平定了西南夷的全部部落,这样才能够真正做到后方无忧。

人生也是如此,我们应该将眼光放远,更多地注意前方的风景;耐住性子,淡然看"舍",我们得到的将会更多。

哲人明白,"退"并非真的退后,"舍"并非真的舍弃。进退、舍得无定数,他们之间的角色转化快得让人咋舌。

所以,我们想前进的时候可以适当先退后一下,我们在求得的时候不妨大度地先舍弃一些。这样做了以后,你会发现你前进得更快,得到的更多;你前进的速度远远弥补了你退后所用的时间,你得到的内容大大多出了你所失去的东西。当然,你在这样做的时候,还会得到更多你意想不到的东西,比如豁然开朗的快乐、灵活变通的感悟。

## 3.战胜患得患失,不怕输才能更好地赢

人生多无奈,我们常常很想得到一件东西,可是我们好像总也得不到。然而,很多能够得到自己想要的东西的人却不能够牢牢地抓住自己的机会。

或许,人就是一个矛盾体,我们总担心自己得不到,可是得到了又害怕会失去;苦恼于自己不能得到,而当可以得到的时候又不能果断地接受、担当。这样的人太多,太常见。所以,我们看到的成功者只有少数。而当看到别人的成功后,又感叹自己没有这样的机会,然后,再重复这样的循环。

日常生活中,我们常常会犯患得患失的错误。面对一个机会,明明是平日里非常想要得到的,但是在难得的机会面前,我们却逃避、害怕,不想承担,完全忘记了自己以往想念时候的苦闷,既不能坦然面对"失",又不能豁达正视"得"。

日本人气动画《新世纪福音战士》中有一个碇真嗣。他是一个渴望爱的男孩,希望能够用自己的力量保护大家。然而,由于种种原因,他决定退出保护地球的组织NERV,再也不参与保卫地球的活动。就在这时,无比强大的十四使徒袭来了,他以前的战友都不是对手,相继倒下,而由他驾驶的战机排斥

假体不能启动，基地和地球都危在旦夕。这时的他却只想逃避，不想承担任何责任。或许是冥冥之中自有安排，他遇到了加持良治，并在他的劝说和引导下，明白了自己必须要做的事：乘上战机，打败使徒，保护地球和地球上的伙伴！在一番大战之后，他终于打败了十四使徒。

在现实生活中，或许我们也会像动画中的碇真嗣那样，不能够坦然地看待事情。我们往往太在意事情外在的东西，往往太多地沉浸在自己的内心世界里，肆意驰骋，纵使已经和现实脱轨，也难以自拔、难以正视事物。纵使我们知道自己的这种心理是不正确的，却也无法战胜。我们既害怕得不到，也害怕得到。

可是，在加持良治的感召和引导下，碇真嗣最终战胜了自己的畏惧心理，战胜了自己患得患失的心理，他成功了。所以，我们也应该相信，自己能丢掉患得患失的心理，勇敢地面对人生世事。

摆正自己的位置，忠于内心的声音，患得患失就不复存在。

人们经常打趣说：输不起，就别玩。可是，人生的道路不可能让我们选择不玩，所以，我们必须要输得起，只有输得起，人生路才能走得更好，才能玩得更快乐。

拥有了输得起的心态，你的心中淡看一切，只会一心一意地做自己的事情，如此，输了也不怕，输了也可以站起来。奥运会冠军王义夫说："我们都是在成败的反复交替当中成长起来的。我输得起，输得起就赢得起。"

　　人生就像一场赌局，输得起才敢于挑战精彩的人生，输得起才不会畏畏缩缩地对待成败，输得起才能够承受来自各个方面的压力，输得起才能够更从容地应对一切，输得起才能够保持清醒的头脑：不管是面临挑战，还是面对失败，都可以"赢"得人生。

　　在比赛场上，如果输赢心思太重，就一定会影响自己的发挥，缩手缩脚、心理失衡，就一定不可能取得好成绩。赛场上，比赛的不光是你的技术，最重要的还有你的心态。越是渴望胜利，越是赢不了。输不起的人，永远也不能潇洒地赢；反之，抵抗住压力的人，都是好样的。

　　2004年雅典奥运会，由于李小鹏脚上有伤，中国男子体操队小将均被委以重任。滕海滨就是其中之一，他像前辈杨威一样担任了4项重要的任务。可能是由于压力过大，得失心太重，滕海滨在自己的前3个项目中都出现了失误，造成了严重的后果，使中国男子体操团队卫冕冠军无望。面对记者的采访，滕海滨显得非常无奈和黯然神伤。滕海滨也深深地自责，他说："我一个人的失误导致了整个团体的失败，使我们团体4年的努力付诸东流，我感觉很对不起他们。"

　　看到重压下的队员，教练黄玉斌并没有多说什么，因为他懂得滕海滨的失误是由多种原因造成的，其中最重要还是因为他的好心办坏事：太想成功，太想弥补前一场的失误。于是，教练想方设法帮他调整心态，费尽心机帮他走出"输"的阴影。最终滕海滨不负所望，恢复了信心和平常心，潇洒、利落地完成第4项鞍马比赛。由于他整套动作完美流畅,他征服了裁判,得到了9.837的高分,超过了三届世锦赛冠军罗马尼亚老将乌兹卡,得到了他体操生涯中的第一块奥运金牌,也是中国体操队在雅典奥运会上的第一块金牌。据悉,帮助滕海滨走出失误、自责阴影和建立无穷信心的法宝是教练无限重要的三个字:放开打。

是的,放开打。当我们太看重得失时,就走入了心理误区和状态死角,很难潇洒自如地做动作,很难冷静地思考问题,很难专心地做自己,这样,我们就可能面临失败。但是,失败并不是真正的结果。世间有结果,也没有结果。漫漫人生路,我们不能够沉浸在失败的阴影中而不能自拔。当我们面对比赛,平常心就好;当我们输了,不要再输就好。只有我们拥有输得起的精神,才可以不被打倒。

"怕什么,来什么"就是这个道理。切记:不怕输,才能够更好地赢。勇敢地面对"患得患失"并想方设法克服它。只有这样,才能有所作为!

## 4.原谅别人不容易，但恨别人只会更难

培根在《论复仇》中写道："一个人如果念念不忘复仇，他就是常使自己的伤口如新。"是的，复仇就像往自己的伤口上撒盐，让自己不断体味当时的痛苦。

仇恨非但不能抚平我们曾经受到的创伤，反而会让我们整日沉浸在痛苦的深渊里，无法自拔。如果憎恨的情绪持续在心里发酵，我们的生活会变得一团糟，甚至有时会做出极端的行为去报复，从而造成无法挽回的过错。

"冤冤相报何时了，得饶人处且饶人"，如果我们能放下仇恨，忘记曾经的不幸，用宽容的态度来对待曾经伤害过我们的人，就可以防止伤害继续扩大，我们的生活状态也会变得轻松很多。

古希腊神话中有这样一则故事：

一个行人在路上走着，不经意地踢起路边一个小球，哪知这小球越却踢越大。路人顿时觉得非常蹊跷，就不断地踢，最后这个小球居然一直膨胀，直至顶天立地。路人畏惧不已，不知道这个小球是何妖魔。

这时，雅典娜女神出现了，告诉他，这个小球就叫做"仇恨"，如果你不去碰它，它会一直待在那里，安然无事；但如

若它遇到不断的撞击，就会加剧膨胀，一发而不可收。

仇恨的"小魔球"不是在你成长的路边，而是躺在心中。每当你看到一件让你觉得可恨的事情，心中的小魔球就疯也似的膨胀，直至它膨胀到堵塞了你心灵天空之时，终会爆炸，伤人伤己。

宽恕不仅仅是一种对别人的包容，更可以使自己得到自我解脱。我们没必要为了惩罚对方，而让自己沦为一名心灵被俘虏的囚犯。

三位前美军士兵站在华盛顿的越战纪念碑前，其中一个问道："你已经宽恕了那些抓你做俘虏的人吗?"第二个士兵回答："我永远不会宽恕他们。"第三个士兵评论说："这样，你仍然是一个囚徒!"

显然，第二个士兵还没有放弃心中的仇恨，而这些仇恨也因此还在他心中折磨着他。其实不宽恕别人就是不放过自己。拒绝宽恕一种罪恶，正是这种罪恶存在的根基；谁敢说如果再有一次这样的战争，第二个士兵不会用同样的方法对待敌人呢?拒绝宽恕罪恶，只会导致这种罪恶的延续，从而造成更多的伤害。

生活中不如意之事十有八九，面对他人对自己的各种伤害、诋毁，我们一般会认为，每个人都应该为自己所犯的错误付出代价，否则岂不便宜了犯错的一方。然而念念不忘过去的伤害，是伤痛的延续，并不能把我们从伤害的阴影中解救出来，而痛苦却像魔鬼总是如影随形。避免痛苦的最好的方法，就是宽恕曾经伤害我们的人。

热带海洋中有一种奇异的鱼，名叫紫斑鱼。紫斑鱼的奇异之处就在于它遍布全身针尖似的毒刺：在它攻击其他鱼类时，它越是"愤怒"，越是满怀"仇恨"，它身上的毒刺就越坚硬，毒性就越大，对受攻击的鱼类伤害也就越深。但同时它越是"愤怒"，越是满怀"仇恨"，对自己的伤害也就越深，因为它心中的"怒火"在烧毁别人的同时，也在烧毁自己，使自己五脏俱焚，一命呜呼。

世间万物，被自己所伤的，自己败给自己的，又岂止是紫斑鱼呢？那些总是满怀仇恨的人，那仇恨之火不也在伤害他们自己、毁灭他们自己么？

面对你的爱人，你的亲人，你的朋友，甚至你的邻居，你在路上遇见的一个陌生人，当他们伤害了你，当看到他们犯下错误时，你怒不可遏地面对他们，这只能让你满肚子怨气。

但如果你用平和的语气、真挚的言语，微笑面对他们的过失，你就拥有了一颗豁达、开阔的心。当你用一颗真诚善良的心去对待他们的过错时，你内心的伤痕也将慢慢抚平，你会得到一种真情的快乐。

原谅别人的过错是不易的，但有时你计较得越多，失去的也就越多。只有宽容对待，才能将自己受伤的心缝补起来，不去计较才能坦然面对,因为事已至此,再怎么仇视愤恨也无济于事,只有宽容才能让你重新释怀。

## 5.嫉妒是人生最大的隐形威胁

何谓嫉妒呢?心理学家认为,嫉妒是由于自己的才能、名誉、地位或境遇被他人超越,或彼此距离缩短时,所产生的一种由羞愧愤怒、怨恨等组成的情绪体验,是心胸狭窄者的共同心理。哲学家黑格尔说:"嫉妒乃平庸的情调对于卓越才能的反感。"

两只老鹰,一只飞得很快,一只飞得很慢。飞得慢的那只老鹰,非常嫉妒那只飞得快的。

一次,飞得慢的老鹰对一个猎人说:"前面有只飞得很快的鹰,你快去用箭射死它。"

猎人说:"可以的,只是我的箭上缺少一根羽毛,能不能拔下你身上的一根?"

飞得慢的老鹰说:"没问题!"它就拔下一根丢给猎人,猎人没能射中那鹰。

猎人说:"再拔一根来如何?"

飞慢的老鹰说"好！"又拔一根，然而又没射中。

就这样，一箭一箭地射去，鹰毛也一根一根的拔下，最后它自己身上的羽毛都被拔完了，不能再飞了，结果那位猎人把它捉去了。

嫉妒之心，会扭曲人的心灵，改变人的心态。嫉妒严重时，人就会费尽心思地算计别人；千方百计地挤对别人；用尽心机地迫害别人。嫉妒之心会让他不择手段，卑鄙无耻。心灵会变得肮脏不堪，看到别人比自己好，内心就不平衡，看到别人要功成名就了，他的内心就像有千万条罪恶的虫子在撕咬一般难受。嫉妒之心慢慢就会变成罪恶之心。因为嫉妒，他就会失去人本该有的善良本质，变得像魔鬼一般可怕。把别人搞得声名狼藉，一败涂地，甚至置别人于死地而后快。

姜欣在大学毕业后，顺利地考上了公务员，不久与在机关单位工作的同事结了婚。一对端铁饭碗的小夫妻，让人羡慕不已。

可是，一天逛街的时候，当姜欣看见大学同学梅芳芳时，她开始觉得不快乐了。在学校的时候，姜欣跟梅芳芳曾经关系不错，两人条件差不多，成绩也不相上下，但毕业后就渐渐地失去了联系。

这次，她看到的梅芳芳今非昔比，她开着自己的宝马车，戴着一副墨镜，样子很优雅。本来自我感觉良好的姜欣，心里突然感觉酸酸的。

接下来，又一次偶然，她在购物中心碰到了梅芳芳，当时，她正在试穿一件裘皮大衣。那件衣服典雅大方，但无论是工艺、材质，还是价格，都是姜欣可望而不可及的。"给我包起来吧，试过的衣服，我都要了！"姜欣进去跟她打招呼的时候，正碰上梅芳芳这样对店员说。姜欣感觉被深深地打击到了。

随后，梅芳芳邀请她去家中做客，姜欣拒绝了。因为她总觉得自己在梅芳芳面前，有一种灰溜溜的感觉。

回家后，她越想越不是滋味。本来大家都在同一起跑线上的，现在却有着天壤之别，沮丧、烦恼、失落突然间占据了她的心。

接下来的日子里，姜欣的眼前总有梅芳芳的影子。她也不知道自己为什么突然对梅芳芳的隐私特别感兴趣。终于，她发现了一条令自己很得意的线索，梅芳芳以前被一个已婚的台湾商人包养，由于商人的妻子大打出手，便结束了包养关系。现在做生意的这些资本估计是那个时候的补偿费吧。

从此以后，只要见到大学的同学，姜欣都会八卦地把自己对梅芳芳的分析讲给同学们听，甚至恶语中伤："她有什么可神气的，不就是把自己卖了，挣了点儿钱吗？"

一时间，关于梅芳芳的流言在同学们嘴里传开了。每当姜欣听到这些流言的时候，就感觉心里得到了些许的平衡。

一些人之所以嫉妒别人，一个重要的原因是自己不求上进，又怕别人超过自己，似乎别人成功了就意味着自己的失败，最好大家都成矮子才显出自己高大。这是一种十分有害的腐蚀剂，这些人的骨子里充满了"怠"与"忌"，无论对己、对他人、对社会的发展都是十分有害的，正如荀子所说："士有妒友，则贤交不亲；君有妒臣，则贤人不至。"

莎士比亚说过："您要留心嫉妒啊，那是一个绿眼的妖魔!"嫉妒是损人不利己或者损人又损己的恶魔，它在你心里的存在就是你人生失败的威胁。

我们必须时刻控制自己心中的妒意抬头，要注意克服嫉妒之心，使自己不至成为妒性操纵下的害人者和被害者。当嫉妒心理萌发时，我们要正确认识自己，客观、冷静地分析自己的不足和别人的长处，找出差距和问题，从而积极主动地调整自己的意识和行为。

## 6.与其过度思考未来，不如努力做好当下

当一个人年轻时，谁没有空想过？谁没有幻想过？想入非非是青春的标志。但是，请记住，人总归是要长大的。天地如此广阔，世界如此美好，等待你们的不仅仅需要一对幻想的翅膀，更需要一双脚踏实地的脚!

许多人在采取重大行动前，总是考虑得面面俱到。

其实,在做决定之前,不必想太多,只需想两件事:一是这件事的价值是否是你需要的?二是这件事的最坏结果是否是你能承担的?只要确定有好处并能承担最坏结果,就可大胆决断。

很多人都认为马云的成功在于他敏锐地发现互联网时代的到来,不过是提前登上了那条驶向黄金岛的大船。其实,他的成功之处不在于他如何敏锐,而在于他的闯劲。

马云现在以互联网精英而闻名,可他一开始却是对电脑一窍不通!1995年初,他偶然去美国,首次接触到互联网。敏感的他意识到:互联网必将改变世界!随即,他的脑海里迸发出了一个不安分的想法:做一个帮所有企业收集资料,向全世界发布的网站!

一个远大的理想产生了,这是一个即将改变世界的理想,马云立刻向着它前进!他放弃了杭州十大杰出青年教师的名誉和稳定的教师职业,毅然下海。

当时的中国,互联网少有人问津。马云的家人强烈反对马云的想法,认为这太不靠谱。可是马云却坚持下来了,并且脚踏实地地开始了为理想而奋斗。

1995年4月,马云和妻子,再加上一个朋友,凑了两万块钱,专门给企业做主页,网站取名"中国黄页",成为中国最早的互联网公司之一。马云的先见之明为他带来了丰厚的利润。不到3年,他就轻轻松松赚了500万元利润,并在国内打开了市场,有了较高的知名度。

马云的成功不可谓不风光，可这都是他一步步走出来的，而不是空想出来的。也许有人会挑刺说，他赶上了好的机遇。可是当时知道互联网的人也不在少数吧？却只有他敢想，并且敢做。机遇只属于敢于实现梦想、敢于行动的人。他在确定了自己的理想后，就立刻放弃了原有的职业和不错的收入，马上投入到实现理想的实践中去。

你想的越多，顾虑就越多；什么都不想的时候反而能一往直前。你害怕的越多，困难就越多；什么都不怕的时候一切反而没那么难。别害怕别顾虑，想到就去做。这世界就是这样，当你把不敢去实现梦想的时候梦想会离你越来越远，当你勇敢地去追梦的时候，全世界都会来帮你。

1997年7月，日本索尼公司的几名音响技术人员出于好奇，把本公司的便携式口述录音机改装成一台四轨立体声录音机，再配上一副普通的耳机。这时录音机产生了他们意想不到的效果：录下的声音听起来十分悦耳。

这一新的发现很快传到了公司董事长盛田昭夫的耳朵里，他相信，这种新商品一定有销路。他立即将这一想法付诸实践。他召集工程师们开会，说明用意，要求他们把商品名称叫"记者"的高性能盒式磁带录音机的录音部分和扩音器取下，换上立体声的增幅器，开发一种袖珍型单放机。

他没有想到，在这个新产品开发计划会议上，竟然没有人赞成他的主张。大多数人的理由是"谁也不会买没有录音部分的单放机"。盛田反驳说："那么多人在汽车里安装了没有录音装置的立体声播放机。因此，这种产品肯定会有销路。"这番话显然还没有说服技术人员们。但是，既然是企业最高领导人的业务命令，他们也只好照办。

从策划、试制、改进到准备好生产线，以及发广告、包装、命名等工作，这一新商品诞生花费了5个月的时间。它一上市，果然不出所料，成为年轻消费者的宠爱之物，并且很快风靡全球。

比尔·盖茨在2007年哈佛大学毕业典礼上讲，他当初创业，就是坚定地认准目标，并矢志不渝、锲而不舍。他一针见血地指出，不要让这个世界的复杂性阻碍你前进，要勇敢地成为一个行动主义者。

如果你连小事都犹豫不决，难于做出决定并为此而痛苦，害怕选错了对策，那你就要记着：犹豫不决差不多是你要犯的最坏的错误了。如果你选择一项看起来比较好的方案，充满信心地宣布出来，并且全速实行，你所得到的结果，通常要比长期为难地下决定而痛苦要好得多。

"机不可失，时不再来"，这是任何人都明白的道理，机会往往稍纵即逝，有如昙花一现。如果当时不善加利用，错过好运之后就会后悔莫及。成功学创始人拿破仑·希尔说过："生活如同一盘棋，你的对手是时间，假如你行动前犹豫不决，或拖延行动，你将因时间过长而痛失这盘棋，你的对手是不允许你犹豫不决的！"

现在有很多年轻的朋友，非常想改变目前的生活状况，想通过跳槽或创业，来实现自己的梦想。但是他们想归想，却始终不敢迈出第一步，每天依然在原地转圈子，去重复自己不喜欢的工作。就这样日复一日，等到年龄大了，这些不再年轻的朋友更不敢轻易地放下既有的生活了。

没有别的什么习惯，比拖延更为有害。更没有别的什么习惯，比拖延更能使人懈怠、更能减弱人们做事的能力。"明日复明日，明日何其多。我生待明日，万事成蹉跎。"拖延，就在这不经意间偷走了我们的日子。任何憧憬、理想和计划都会在拖延中落空，任何机会都会在拖延中与你擦肩而过。

记住，世上再没有任何事情比下决心立即行动更为重要、更有效果了。因为人的一生，可以有所作为的时机只有一次，那就是现在。

# 7.要"有所为"，更要"有所不为"

有位哲人曾说："人一生只能做好一件事。"确实如此，我们只有一双手，而有时候我们两只手不能都伸出去。所以，我们应该去抓该抓的、值得抓的东西，这就是要切实做到"有所为有所不为"。什么都想要得到，结果会是什么都得不到。

要知道自己最擅长什么，能做什么，做什么最好，然后再一如既往地专注下去，只有学会有所为有所不为，知难易，懂进退，才会拥有成功，才会使人生更美好。

从前，有一位年轻人，他工作非常刻苦，但却收效甚微，为此，他非常苦恼。

一天，他去拜访昆虫学家法布尔，闷闷不乐地说道："我一直都不知疲倦地把自己全部的精力花在事业上，但收获却总是很少。"

法布尔赞许地说道："看来你是一个献身科学的青年。"

年轻人说："是啊，我既热爱文学，又热爱科学，同时，我对音乐和美术也有很大的兴趣，为此，我把时间全部都用上了。"

法布尔听后，微笑着从口袋里拿出了一块凸透镜，让年轻人注意观察。年轻人发现：当凸透镜把光集中在纸上一个点的时候，这张纸很快就被点燃了。

接着，法布尔对迷惘的年轻人说："试着把你的精力集中到一个点上，就像这块凸透镜一样。"

年轻人恍然大悟，从中受到了很大的启发。

每个人的精力都是有限的，有所不为才能有所为，只有把有限的精力集中到一点上，才能干出一番大事业。

纵观历史，就不难发现，那些成大事者都贵在目标与行为的选择。如果事无巨细，事必躬亲，必定会使自己陷入忙碌之中，成为碌碌无为的人。从某种意义上来说，有所为才能有所不为，班超投笔从戎，鲁迅弃医从文……这些都是"改换门庭"后而大放异彩的楷模。由此可知，能够审时度势、扬长避短，既是一种理性的行为，也不失为一种豁达之举。


　　1957年，松下毅然放弃了研究多年的大型计算机项目。这个消息一传出，让所有的人都感到震惊。因为当时松下已经对此投资了约15亿日元，而且他们的两台样机经过试用十分先进，很快就能大规模投入生产，推向市场了。那么，松下为何放弃这样一个已经接近成功的项目呢？

　　在松下放弃这项研究前，美国大通银行的副总裁曾到松下访问，谈话中提到了电子计算机。当副总裁听到日本目前共有7家公司生产电子计算机时，吓了一跳。他说："在我们银行贷款的客户当中，大部分的电子计算机部门的经营似乎都不顺利，而且他们之所以能够生存下去完全是依靠其他部门的财力支持，几乎所有的计算机部门都发生了赤字。就拿美国的现状来说，除了IBM公司以外，其他的公司都在慢慢紧缩对计算机的投入。而日本竟然有7家这样的公司，未免太多了一点。"副总裁离开后，松下仔细考虑了一下，决定要从大型计算机上撤退。因为松下的大型计算机项目还需要投入近300亿日元，如果放弃的话，虽然会损失15亿，但却能避免300亿的损失。正是这个决定，使松下更加专注在电器和通讯事业上的发展，最终使集团成为了电器王国的领头羊。

这里松下就是"有所为有所不为"的典范。"有所不为"可以让企业轻装上阵,更加理性地进行盈利模式、项目以及制度的选择,是企业战略调整的重要方向。只有"有所不为",才能更加专注于"可为"之事,才能在无形中达到"有所不为,才能有所为"的境界。

古人曰:"欲多则心散,心散则志衰,志衰则思不达。"的确,人的精力毕竟有限,以有限的精力埋头苦干,往往穷尽全力也难以掘得真金。世界上最大的浪费,就是把宝贵的精力分散在许多无谓的事情上。而"有所不为",就是为了更好地专注。

# 第六章

你以为是重在参与，
但总有人比你会拼巧劲

# 1.让脑筋转个弯，哪怕只是个小弧度即可

一些人人称羡的发明家、企业家，和一般人最不一样的地方在于，他们勇于用创新的角度思考，并且积极掌握机会，让他们的人生和事业获得跳跃式的成长。

1972年，美国民主党大会提名麦高文竞选总统，对手是共和党的尼克松。但后来，麦高文宣布放弃他的副总统竞选伙伴参议员伊哥顿。

一个16岁的年轻人看到了这个机会，立刻以5美分的价格买下了全场5000个已经没用的麦高文及伊哥顿的竞选徽章及贴纸。然后，他以稀有的政治纪念品为名，立刻又以每个25美元的价格兜售这些产品，小赚了一笔。

这个年轻人成功的原因在于他能非常迅速地把握机会。就是这样的精神，使得这个年轻人日后能看到其他人没有看到的机会。这个年轻人，就是微软公司的创立者比尔·盖茨。

事实上，有很多影响人类生活的发明，例如微波炉、圆珠笔等，都不是专业人士的杰作，而是一些普通人的神来之笔。这些发明使得人类的生活发生极大的改变，更使发明者成为人人羡慕的创业家。这些人与一般人的不同之处就在于，他们能从创新的角度思考，在自己的人生以及事业上追求突破，这才

达到今天的成就。

要有创新的思考角度，并不需要像爱因斯坦或是其他伟人一般，摒弃一切传统的看法。只需要让脑筋转个弯，哪怕只是个小弧度即可；而要在事业或生活上创造突破，秘诀是更聪明地做事，而不是更努力工作。要更聪明地做事，就要学会创造性思考，并且努力落实这些想法。

如果有人问你，由两个阿拉伯数字"1"所能组成的最大的数是多少？你肯定很快就会回答说是"11"；那么三个"1"所能组成的最大的数是多少？你也会很快就回答说是"111"；如果再问由四个"1"所能组成的最大的数是多少？恐怕你也会很快地回答说是"1111"。

但这个答案对吗？难道就没有比"1111"更大的数了吗？认真思考一下，你就会知道由四个"1"所能组成的最大的数应该是"11"的"11次方"。为什么你没有想到这样的答案呢？这样的情况通常被我们叫做思维定势。这样的思维方式在我们每个人身上都存在，它可以使我们省去很多摸索的思考时间，提高思考的效率，但它却不利于创新思考。

要想有所创新，我们就必须突破思维定势。

日本的东芝电器曾经在1952年的时候积压了大量的电扇，7万多名职工为了打开销路，搜肠刮肚地想了很多办法，但却都是毫无起色。有一天，一个小职员想到了一个办法——改变电扇的颜色。当时，全世界的电扇都是黑色的，没有人想到电扇也可以做成其他颜色。这一建议引起了东芝董事长的重视，经过研究，公司采纳了这个建议。第二年夏天，东芝推出了一批浅蓝色的电扇，在市场上掀起了一阵抢购热潮，几个月之内就卖出了几十万台。从此以后，在日本乃至全世界，电扇都不再是一副黑色的面孔了。

很多人以为成功是一小步一小步慢慢累积来的，其实这个观念并不完全正确。但大多数人深受这个观念的影响，并将它应用在生活和工作上，为了每天一点点的改进而感到得意。事实上，这很可能成为扼杀你成功的因素。

这个观念让你为了工作不断努力，总以为自己做得还不够。然而，你有没有想到，如果只是循着前人的模式前进，那些拥有庞大产业规模的经营者为何能领先众人？一小步一小步地做，或许是最安全的方式，但反过来想，为什么不跳过那些阶梯，创造一些跳跃式的突破呢？

一般人总以为跳跃是危险的，但事实上，跳跃也可以安全而快速。要创造跳跃式的突破，首先要舍弃目前惯有的商业模式，寻找周围被忽略的机会，并且学习其他产业创新的经营模式及想法。观察其他产业的经营模式之后，或许你会很惊讶地发现，很多原则应用到你的事业也同样适合。最后，你会发现，花同样的时间、人力及资本，却可以达到更好的结果。

例如，大多数人都对麦当劳的创立人雷蒙·克罗克的名字耳熟能详，但实际上，克罗克并不是最先创立麦当劳的人。麦当劳最先由麦当劳兄弟所创立，但是他们未能预见麦当劳的发展潜力，因此他们将麦当劳的观念、品牌以及汉堡等产品，卖给从事销售工作的克罗克,让他继续经营。

克罗克以独特的行销策略,将麦当劳以连锁店的形态推广至全世界,变成今天坐拥数十亿美元的庞大企业。克罗克抓住了麦当劳兄弟原先忽略的机会,改变原有的经营模式,因而创造了自己事业生涯上的突破。

如果你以为,那些成功创新的人,一定都是绝顶聪明的人,那你就错了。事实上,大部分事业上的突破,都是一般人在现有心智模式下创造的。关键不在于你够不够聪明,而在于你的态度:你是否愿意抓住机会,善加利用。

突破可能来自常识,一些看起来很普通的东西,只要敞开心胸去看,寻找更简单、更容易、更有效率的做事方法,就可以取得突破。

## 2.借用别人的指点,但谢绝别人的“指指点点”

我们每个人的“心智”都是一个独立的“能量体”,而我们的潜意识则是一种磁体,当你去行动时,你的磁力就产生了。但如果你一个人的心灵力量,与更多“磁力”相同的人结合在了一起,就可以形成一个强大的“磁力场”,而这个磁力场的力量将会是无与伦比的。

无论是多么优秀的人,自己的力量都是有限的。尤其在当今这个竞争激烈的社会里，凝集多数人的智慧，往往是制胜的关键。就算你是一个"天才"，凭借自己的想象力，也许可以获得一定的财富。但如果你懂得让自己的想象力与他人的想象力结合，定然会产生更大的成就。

每一个人的构想与思维都是不一样的，人越多，思维模式越多，就越容易想出好的办法，正如俗语所说"三个臭皮匠，顶个诸葛亮"。

日本东京有一个地下两层的饮食商业街，整个广场都显得死气沉沉。一天，商业街董事长突发奇想：如果有一条人工河就好了！来往的人群不但能听到脚底下潺潺的流水声，而且广场上还有人工瀑布。这确实是很棒的"水都街区"的创意。

大家对董事长的构想很佩服，于是有人访问他。他回答说，挖人工河的构想并不是一开始就有，而是几个年轻设计师一起讨论时，有一个突然说："让河水从这里流过如何？"

"不，如果有河流的话，冬天会冷得受不了。"

"不，这个构想很有趣。以前没有人这么做过，说不定我们可以出奇制胜。"创意构思就这样产生了。

像这样，集思广益，最终成为了强有力的武器。

由此可见，一个好的创意的产生与实施，企业家光靠自身的力量和努力是不够的，必须集思广益，必须在自己周围聚拢起一批专家，让他们各显其能，各尽其才，充分发挥大家的创造性作用。

一个人若想取得成功,就要最大化地集思广益,综合所有的智慧成精华。要善于倾听大家不同的意见与看法。就好比吃饭,一个善于集思广益的人就是一个不挑食的人,他的营养就会比较均衡,身体就会非常健康;而偏听偏信、一意孤行、只认可相同意见的人却好比是偏食严重,那他的营养成分就很不均衡,身体自然就会出现种种病理反应,最后整个人完全垮掉。

而普通职工在工作中,也不难发现,集思广益的合作威力无比。

一个人有无智慧,往往体现在做事的方法上。山外有山,人外有人。借用别人的智慧,助己成功,是一条相对轻松的成事之道。

你应该明白,不嫉妒别人的长处,善于发现别人的长处,并能够加以利用,协调别人合作做事,与合作人之间建立良好的信誉,是成事的基本法则。

如果你觉得有必要培养某种自己欠缺的才能,不妨主动去找具备这种特长的人,请他参与相关团体。三国中的刘备,文才不如诸葛亮,武功不如关羽、张飞、赵云,但他有一种别人不及的优点,那就是一种巨大的协调能力,他能够吸引这些优秀的人才为他所用。多一样才华,等于锦上添花,而且通过这种渠道结识的人,也将成为你的伙伴、同业、同事、专业顾问,甚至变成朋友。能集合众人才智的公司,才有茁壮成长、迈向成功之路的可能。

能够发现自己和别人的才能,并能为我所用的人,就等于找到了成功的力量。聪明的人善于从别人身上吸取智慧的营养补充自己。从别人那里借用智慧，比从别人那里获得金钱更为划算。

　　当摩西带领以色列子孙前往上帝许诺给他们的领地时，他的岳父杰塞罗发现摩西的工作实在过度，如果他一直这样下去的话，人们很快就要吃苦头了。于是杰塞罗想法帮助摩西解决了问题。他告诉摩西将这群人分成几组，每组1000人，然后再将每组分成10个小组，每组100人，再将100人分成2组，每组各50人。最后，再将50人分成5组，每组各10人。然后，杰塞罗又教导摩西，要他让每一组选出一位首领，而且这位首领必须负责解决本组成员所遇到的任何问题。摩西接受了建议，并吩咐那些负责1000人的首领，分别找到知己胜任的伙伴。

　　用心去倾听每个人对你的计划的看法，是一种美德，它是一种虚怀若谷的表现。他人的意见，你不见得各个都赞同，但有些看法和心得，一定是你不曾想过、考虑过的。广纳意见，将有助于你迈向成功之路。

　　万一你碰上向你浇冷水的人，就算你不打算与他们再有牵扯，还是不妨想想他们不赞同你的原因是否很有道理？他们是否看见你看不见的盲点？他们的理由和观点是否与你相同？他们是不是以偏见审视你的计划？问他们深入一点的问题，请他们解释反对你的原因，请他们给你一点建议，并中肯地接受。

　　另外，还有一种人，他们无论对谁的计划都会大肆批评，认为天下所有人的智商都不及他们。其实他们根本不了解你想做什么，只是一味认为你的计划一文不值，注定失败，连试都不用试。这种人为了夸大自己的能力，不惜把别人打入地狱。

要是碰上这种人，别再浪费你宝贵的时间和精力，苦苦向他们解释你的理想一定办得到。你还是去寻找能够与你分享梦想的人吧。

北大的一位植物学教授打过一个比方："许多自然现象显示：全体大于部分的总和。不同植物生长在一起，根部会相互缠绕，土质会因此改善，植物比单独生长更为茂盛；两块砖头所能承受的力量大于单独承受力的总和。"这个现象也同样适用于人。只有当人人都敞开胸怀，以接纳的心态尊重差异时，才能众志成城；大家的智慧集中起来，成功也就不远了。

## 3.若此招不行，请赶快换招

当我们在大海上驾驶着轮船向着目的地航行时，忽遇暴风雨，你是冒着可能翻船的危险顶着风浪上呢，还是暂时改变航向，避开危险？面临这样的选择，百分之百的航海者会采取后一种方式，毕竟无谓的牺牲是毫无意义的。

其实，在我们的工作和学习中，也常常遇到这样的事情，当我们面对一个比较棘手的问题，难以坚持的时候，不妨在原有的行事基础上稍作改变，或许就能够拨开云层，看到另外的景象。

在19世纪中叶，一则美国加州发现金矿的消息引起了风靡一时的"淘金热"，无数的淘金者从天南地北处蜂拥而至。一时间"淘金"成了最热门的话题。

在众多的淘金者中，有一位17岁的小农民，历尽千辛万苦，也进入了淘金大潮中，他的名字叫亚默尔。此时的加州，遍地都是淘金者，导致金子越来越难淘到。来这里的淘金者大多都是生活艰难的人，当地的气候也异常干燥，所以很多人都缺少日常饮用水。很多不幸的淘金者不但没有淘到金子，圆自己的致富梦，甚至搭上了自己的性命。

亚默尔也和大多数人一样，并没有挖掘到黄金，反而却被饥渴所折磨。有一天，当亚默尔望着水袋中一点点舍不得喝的水，耳边听着其他淘金者对缺水的抱怨时，他突发奇想，既然自己没有挖到金子，为什么还要再继续努力下去呢，毕竟淘金的希望太渺茫了，为什么自己不去卖水呢？

想通了这一点，亚默尔立刻行动了起来，他毅然放弃了寻找金矿的努力，而是将自己手中挖金矿的工具变成了挖水渠的工具。他将远方河水引入水池后过滤，制成清凉可口的饮用水，然后挑到山谷里，一壶一壶地卖给淘金的人。

有很多人在嘲笑亚默尔，说他胸无大志，千辛万苦来到加州，不努力地挖金子，却干起来这种蝇头小利的小买卖；这种生意哪儿都能干，何必跑到这种地方来干呢？但亚默尔不为所动，继续卖他的水：就算是那些嘲笑自己的人，到最后也得来买自己的水；最主要的是，哪里有这样的好买卖，能够把几乎无成本的水卖出去呢？更何况这里的市场相比于其他地方对水的需求更为旺盛。

当风靡一时的淘金热冷淡下来后，大多数的淘金者都空手而归了，而亚默尔因为自己独特的视角在短时间内通过卖水赚到了6000美元。要知道，6000美元在当时是一笔非常可观的财富。

有句话说，此路不通，另辟蹊径。这不但是行路的好方法，也是我们日常生活中的实用方法。所谓另辟蹊径，就是要换思路想问题。其中具体的思路有很多，比如，转换问题的类型，转移问题的视角，转换问题的焦点，或者借助解决其他问题的办法来解决目前的问题，等等。

所以说，当我们航行在人生的大海中时，碰到波涛、漩涡，甚至是台风、巨浪时，如果我们拒绝掉转船头，认为迎着风浪而前行才是勇敢者的行为，勇气、刚毅、坚强才是人性高贵的唯一证明，那么我们很可能会付出船毁人亡的巨大代价。而这个时候，掉转船头，绕开漩涡，另辟蹊径，并不一定就意味着懦弱，而恰恰是走了一条更容易接近目标的捷径。

有一次，陈默在体育馆与哥哥进行乒乓球比赛。双方互不相让，一来一回，打得不相上下。当比分为10：10时，两个人都又累又紧张，空气也好像凝固了。

这时，陈默灵机一动，有了一个想法。因为哥哥个子较高，下防比较困难，如果自己从下方攻击，改变方向，哥哥就很难接球了。就这样，陈默改变了战术，打出一个擦网球。哥哥真如他所料，没能接住球，因此失败了。

现实生活中，不管处理任何事情，都要灵活应变。此招不行，赶快换招，否则，即使你用尽了力气，恐怕也难达到目的。

# 4.总有人要吃亏，就看你怎么吃

有这样一个脑筋急转弯：你最不想吃的但却经常能吃到的是什么？答案是"（吃）亏"。几乎所有人都认为，亏吃不得。亏到底吃得吃不得呢？我们首先看看"吃亏"二字的渊源。

相传它的来源是这样的：

有个小伙子叫李三，因赌博成性而倾家荡产，最后流落街头，成了乞丐。一次，他已两天没吃一口东西了，再不吃东西就要饿死了。他想出个主意，即使被打死，也能做个饱死鬼。

李三来到一家饭馆,对掌柜的说:"给我来个'亏',我好长时间没吃'亏'啦!"

老板愣住了:"什么是'亏',这个'亏'怎么做?"

"你们这么大个饭馆,连个'亏'都不会做,太没水平啦。我告诉你们,把面和好,擀成饼,把肉馅放在饼上,卷起来放到笼屉上蒸,一袋烟的工夫就好。"

"客官,那你慢慢喝茶,一会儿,'亏'就好了。"老板赔着笑脸说。

一会儿,"亏"出屉了。李三三下五除二,将几笼屉的"亏"一扫而光。然后趁老板不注意,溜之大吉了。老板发现后,着急地说,那人吃了我的'亏'还没给钱呢?众人知道原因后,开玩笑地对老板说:"人家吃了'亏',为什么还要给你钱?这是你亏欠人家的,吃你是应该的,还管人家要什么钱?"

据说从此后,吃亏就成了一句口头禅流传下来。这个来源的可靠性我们姑且不论,就"吃亏"一词,从这个故事,我们已经有了深刻的体会,吃了"亏"的人却得到了满足,奉献"亏"的老板却沮丧至极,吃了大亏。从这个意义讲,古人是非常睿智的,在创造"吃亏"的同时,就告诫人们吃亏是福。虽然这里的"吃亏"和我们现在所谈的吃亏意义相反,但隐喻其中的"吃亏是福"的道理却是相同的。

然而任何社会都有功利浮躁的一面,很多人都想得到名誉、地位、金钱以及别人的尊重和奉承,似乎唯有这些,才是成功的标志,才是实现人生价值的体现。为此,人们劳心劳力、孜孜不倦地追求一些形而上的虚态，为了一己私利斤斤计较、跟人交往总怕吃亏的事情便屡见不鲜。

但是总想占便宜，最终吃亏的其实是自己，因为你丢掉了人们对你的尊重和信赖；相比于自己占的小便宜，这个"亏"要大得多。最终结果是你得的小便宜用光了，人格却没有了，朋友也都离开了，亏损的还是你自己。

石崇是晋朝著名的大财主，他官至卫尉，富可敌国。有个叫孙秀的高官非常嫉妒石崇的财富，曾几次借机要石崇贡献些财富，石崇却装聋作哑，故意不理，孙秀愤恨不已。

石崇有一爱妾绿珠，美貌非常，孙秀向石崇索要绿珠，石崇却无法割爱，断然拒绝，孙秀于是更加嫉恨石崇。

后来淮南王司马允犯了事儿，孙秀主抓此案，乘机诬陷石崇跟司马允一起作乱，把石崇的外甥欧阳建等人一并起诉，收进了监狱。石崇长叹一声："那些家伙们是看上了我的财产啊！"执行的人于是问他："知道如此，你何不早把它们送人！？"石崇无言以对。不久石崇就被正法，家产也全部被抄没了。

不能吃亏，最终得吃个大亏。相反，那些能吃得亏的人却总能在不如意中找到一飞冲天的机会。

1908年，美国有一个叫希尔的年轻人，接受了一位全国最富有的人的挑战，答应不要一丁点报酬，为这位富翁工作20年。表面上看，希尔吃了大亏，因为这20年正是他年富力强、最能创造利润的时期，可是，实际上，希尔获得的是远比他应该得到的报酬还要多得多的回报。

故事从这里开始：

年轻的希尔去采访钢铁大王卡耐基。卡耐基很欣赏希尔的才华，对他说："我向你挑战，此后20年里，你能否把全部时间都用在研究美国人的成功哲学上，然后提出一个答案，但条件是：除了写介绍信为你引见这些人，我不会给你任何经济支持，你肯接受吗？"

虽然没有酬劳，但是希尔相信自己的直觉，接受了挑战。在此后的20年里，他遍访美国最富有的500名成功人士，写出了震惊世界的《成功定律》一书，并成为罗斯福总统的顾问。

"吃得亏"，这就是希尔之所以能成功的全部秘密。希尔后来回忆说："全国最富有的人要我为他工作20年而不给我一丁点儿报酬。一般人面对这样一个荒谬的建议，肯定会觉得太吃亏而推辞的，可我没这样干，我认为我要能吃得这个亏，才有不可限量的前途。"

那些把不可以吃亏，不可以受人欺负当作人生第一信条的人，可以在课堂上扔下书和教授吵架；可以在旅行时为一点点小利和小贩争执；有一点点不顺心就想到要离开公司，大不了重新开始；对待感情，下意识地总要他（她）对我比我对他（她）好，感情倘若是秤，绞尽脑汁总要他用七分我用三，最多六四分已经觉得投入太多。总之心里的小闹钟时刻反复提醒自己：不可以吃亏！但时过境迁，这些人重新想起自己尽力不吃亏的事迹时，却总是发现一切其实可以找到更好的方式。因为，和教授吵架的后果是那门课最终没有拿到好的分数；旅行时的愤怒冲淡了快乐；愤然离职后是心情平复后长时间的后悔；至于感情，总是计较得失，却失多得少。

其实，越是不计较吃亏的人，才越会得到真正的幸福。能够理解"吃亏是福"里面的睿智，能够参透"做人要吃得亏"中的禅机，你的人生从此才开始有了真正的转机，你的幸福之门也就在不计较中得到了开启。

春秋战国时期，孟尝君求贤若渴。他待人真诚，感动了一个具有真才实学而十分落魄的士人，这个人名叫冯谖。冯谖在受到孟尝君的礼遇后，决心为他效力。有一天，孟尝君想派人到他的封地薛邑讨债，问谁愿意去，结果没有人出来应答。

半晌，冯谖站了出来，说："我愿去，但不知用催讨回来的钱，买什么东西？"孟尝君说："如果要买的话，就买点我们家缺少或没有的东西。"众人听了都为冯谖捏一把汗，因为世间稀罕之物，孟尝君应有尽有。

但是冯谖好像没有考虑那么多，马上领命而去。他到了薛邑后，见到老百姓的生活十分穷困，听说孟尝君的讨债使者来了，都满腹怨言。于是，他召集了邑中居民，对大家说："孟尝君知道大家生活困难，这次特意派我来告诉大家，以前的欠债一笔勾销，利息也不用偿还了。孟尝君叫我把债券也带来了，今天当着大伙的面，我把它烧毁，从今以后，再不催还！"

说着，冯谖果真点起一把火，把债券都烧了。薛邑的百姓没有料到孟尝君如此仁义，个个感动得一把鼻涕两行泪，觉得这辈子没法回报孟尝君了。

冯谖说："用不着大家回报，既然孟尝君连钱都不在乎，又想要大家回报什么呢？"后来冯谖回去复命，孟尝君问他："你讨回来的钱呢？"冯谖回答说："不但利钱没讨回，借债的债券也烧了。"孟尝君很不高兴，觉得冯谖没有经过自己的允许就擅自做主把债券烧了，实在是没有把自己没放在眼里。

冯谖对他说："您不是要叫我买家中缺少或没有的东西回来吗？我已经给您买回来了，这就是'义'。焚券市义，这对您收服民心是大有好处的啊！"

数年后，孟尝君被人谗构，齐相不保，只好回到自己的封地薛邑。薛邑的百姓听说恩公孟尝君回来了，倾城出动，夹道欢迎，表示坚决拥护他，跟着他走。孟尝君深受感动，这时才体会到冯谖"买义"的苦心。对孟尝君而言，小的损失可以换取大的利益。

冯谖用那些根本难以收回的债券，换回了民心，使得孟尝君不得不返回自己的封地时，大受拥戴，不得不说冯谖当初的举动是很高明的。

时至春秋末年，齐国的国君荒淫无道，横征暴敛，逼民无度。齐国的贵族田成子看到这种情况后，对他的僚属说："公室用这种榨取的手段，虽然得到了不少财富，但这种取是'取之犹舍也'。仓储虽实，但国家不固，终是'嫁衣'。"于是田成子制作了大、小两种斗，打开自己的仓储接待饥民，用大斗出借谷米，用小斗回收还来的谷米，以这样的方式来赈济灾民。

于是，不少齐国人不肯再为公室种田，反而投奔于田成子门下。田成子用这种大斗出小斗进的方式，借出的是粮食，收进的却是民心。虽然给予了粮食，实则得到了更多的东西。果然，齐国的国君宝座最后为田氏家族所得。那些粮仓的米为田家换得了天下，不可不谓是"大得"啊！

常言说"吃亏是福"，一辈子不吃亏的人是没有的。问题在于我们如何看待"吃亏"。人与人交往时，无法做到每个人都觉得公平，总是要有人承受不公平、要吃亏。倘若人们强求世上任何事物都公平合理，那么，所有生物连一天都无法生存。而真正肯吃亏的人，往往都是最终的受益者。

## 5.有荣耀不独享，有功劳不独吞

身在职场，你要时刻记住这句话——功劳是大家的，责任是自己的。你有了荣誉一定要记住与他人分享，千万不要企图独自吞食。即使是你凭一己之力得来的成果，也不可独自享用。

现代社会充满竞争，当你踏入工作岗位，面临的就是同事之间的竞争。竞争的结果无非有两种，一种是你变得更优秀；另一种是你不适应这种竞争，最终被淘汰出局。对于一个刚参加工作的人来说，也许对公司的一切都一无所知，这就需要你去发现，去了解周围的同事。同时，周围的人们肯定也在注视着你。要想立足，首先就要用竞争的姿态去适应工作环境。但是，不要因为竞争而丢掉你在别人心目中的形象，这需要你在尺度上谨慎把握。

每个人都希望自己的名字与荣誉和成功联系在一起，但是，如果你无视别人，你将很难在职场立足。因此，有时候不要认为上司、同事和下属的度量很小！也许造成这种局面的根源正是你自己。在享受荣誉的同时，不要忽略别人的感受。其实每个参与其中的人都认为成功中有自己奉献的一分力量，如果你不自觉地独自抱着荣誉不放，那些参与者是不可能为你如此自私的做法感到舒服的。

美国有个家庭日用品公司，几年来生产发展迅速，利润以每年10%～15%的速度增长。这是因为公司建立了利润分享制度，把每年所赚的利润，按规定的比例分配给每一个员工，这就是说，公司赚得越多，员工也就分得越多；员工明白了"水涨船高"的道理，人人奋勇，个个争先，积极生产自不用说，还随时随地地检查产品的缺点与毛病，主动进行改进和创新。

当你在职场上小有成就时，当然值得庆幸。但是你要明白：如果这一成绩的取得是集体的功劳，离不开同事的帮助，那你就不能独占功劳，否则其他同事会觉得你抢夺了他们的功劳。

老王是一家出版社的编辑，并担任该社下属的一个杂志的主编。平时在单位里上上下下关系都不错，而且他还很有才气，工作之余经常写点东西。有一次，老王主编的杂志在一次评选中获了大奖，他感到荣耀无比，逢人便提自己的努力与成就，同事们当然也向他祝贺。但过了一个月，老王却失去了往日的笑容。他发现单位同事，包括他的上司和属下，似乎都在有意无意地和他过意不去，并处处回避他。

后来，老王才发现，他犯了"独享荣耀"的错误。就事论事，这份杂志之所以能得奖，主编的贡献当然很大，但这也离不开其他人的努力，其他人也应该分享这份荣誉，而现在自己"独享荣耀"，当然会使其他的同事内心不舒服。

所以，当你在职场上有特殊表现而受到肯定时，一定不能独享荣誉，否则这份荣耀会为你的职场关系带来危险。当你获得荣誉后，应该学会大大方方地与同事分享功劳，一方面可以做个顺水人情，另一方面上司也会认为你很懂得搞好人际关系，而给你更高的评价。可是卖这份人情的手法必须做得干净利落，不可矫揉造作，更不可对同事抱有"施恩"的态度，或希望下次有机会讨回这份人情。正确对待荣誉的方法是：与他人分享、感谢他人，态度要谦虚谨慎。

## 6.你弱爆了，才会当时忍不住

世界是多姿多彩的，每个人的人生道路也是不同的。人生道路既有顺境，也有逆境，而且逆境往往多于顺境。俗话说："人生不如意事十之八九。"因此要想在这个变化无常的世界里生存，必须学会而且要善于"忍"。

忍可以让一个人的身心变成熟，帮助他（她）大展宏图。晋代许逊曾说："忍难忍事，顺自强。"昔日韩信受"胯下之辱"的时候显示了巨大的忍耐力，尔后他能官拜淮阴侯，不无关系。司马迁受宫刑后，以超乎常人的忍耐力压制住不幸的苦痛，终于完成了旷世之作《史记》。

老子曰："大直若屈，大智若拙，大辩若讷。"因此，身处逆境之时，应通晓时事，沉着待机，这才是智者的做法。"伏久者飞必高，开先者谢独早。"只有长久潜伏下来，才能成就大事，才能不鸣则已、一鸣惊人。如果逢事迫不及待，感情用事，一不小心就会坠入万劫不复的深渊之中。懂得了这个道理，也就通晓了忍的功效。杜牧《题乌江亭》对此可说很有见解："胜负兵家不可期，包羞忍耻是男儿。江东子弟多豪俊，卷土重来未可知。"因此，大智者应知为何而忍，然后抱定信念，忍而后发，卷土重来未尝不可。

《涅槃经》云："昔有一人，赞佛为大福德相，闻者乃大怒曰：'生才七日，母便命终，何者为大福德相？'赞者曰：
'年志俱盛而不卒，暴打而不瞋，骂亦不报，非大福德相乎？'
怒者心服。"佛者用忍之性，使怒者心服，不也说明了忍的功
用吗？

西汉时的韩信，是淮阴人，家里贫穷，无所事事。曾有个
人欺侮韩信说："你虽然又高又大，喜欢佩带剑，其实内心怯
懦。"并且当众辱骂韩信说："你若不怕死，就刺我一剑；如
果怕死，就从我裤裆下钻过去。"韩信仔细看看，想了一下，
俯身从那人裆下爬了过去，全街的人都笑韩信怯懦。

后来，滕公向汉高祖刘邦说起韩信，开始时刘邦不知道
他，收到帐下后也没有重用，于是他就逃走了，萧何亲自去追
回他，并对刘邦说："韩信是天下无双的国士，你要争得天
下，一定要用韩信。要拜请他，你需要选一个日子，斋戒、设
坛，完备礼教才行。"刘邦答应了他，拜韩信为大将军。等到
刘邦取得天下，韩信被封为齐王。

中国有句俗话："大丈夫能屈能伸。"这便来自韩信胯
下受辱最后成为王侯的故事。小不忍则乱大谋，为人切忌心
高气傲。正是他内心的巨大忍耐力，让韩信功成名就。《朝
天忏》中就说："人的富贵和为世人尊重，都必然要经历忍
辱这一过程。"

这些故事告诉我们，人必须具有宽容的胸襟，不要因小而
失大。谚语说："得忍且忍，得诚且诚，不忍不诚，小事成

大。"你趾高气扬,伸长脖子走路,必然受众人所伤。

忍作为一种处世的学问,特别是对于许多普通人来说,是绝对不可缺少的。

## 7.靠谱比能力更重要

靠谱的人思维和行动有一致性和可预测性,能让他人心里有谱,从而被授予很多重任。

很多年轻人很容易被个性、自由等词汇误导,而忽略了求生存、求发展时应该具备的基本素质。

可见,对于任何问题都要具体问题具体分析,有些话只有从特定的角度看才是正确的、有意义的。

无论社会如何发展进步,无论人们的思想多么开放、多么宽容,在认真做事的时候,人们都需要靠谱的人。如果公司的总裁召开全体会议,之前安排了一位工作人员在电脑上演示一套新的工作方案,结果这位员工不小心把存有方案的设备忘在了家里;如果领导给员工安排了一个月之后要提交的工作任务,到了时间员工还一脸迷惑,他压根忘记了此事;如果一个女孩子做事永远不按常理出牌并以此为乐……如果这样,所有的事都会一团糟,没法按原计划进行,所有的组织人员都会失去安全感，不知道明天会发生什么事。

在人们身边，一旦出现了这样的人，人们都会慢慢地疏远他，因为他提供的信息不可靠，他做的事不在预期之内，与他合作，会打乱别人正常的生活节奏，严重时会导致计划失败。

有一个女孩，毕业了仍然长不大，性格说风就是雨，从不慎重考虑。她身边的朋友吃够了她的苦。她烦恼的时候就找朋友聊天，到朋友家蹭饭，从不考虑对方是否方便。她的想法经常改变，今天说想从事行政工作，明天又说想当策划，问题是她还总在没有想好该怎么做的时候，就打电话给朋友寻求帮助。一周前，她请朋友帮忙推荐想要到IT公司上班，可是好不容易搭上线之后，要安排她和经理见面时，她却说她正在外地参加招聘会。她和男朋友生气后就请朋友帮她找房子，要搬出来住，每一次求人都言辞恳切，但等对方帮了她的忙，她又说两人和好了。朋友们和她在一起，也很难找到合适的话题。两周前，她还在读养生保健的书，两周后，又把这些理论批得一文不值。谁也不知道她真正的想法是什么，人们很难从她的思维和行动中找到一以贯之的东西，但是通过长时间的相处，人们都知道，她不靠谱，重要的事谁也不敢托她代办；对于她的请求，人们也不敢包揽。工作中，领导从不把重要的任务交给她。虽然她的专业能力比较强，但是她的职业发展却很慢，因为大家都不太信任她。

靠谱的一个重要特征是一个人的思维和行动有可预测性。

无论这个人外表看起来是好还是坏。与一个善良的人相处，人们的心里笃定他不会无故伤害自己；与一个坏人相处，人内心预知了他是坏人，会想办法回避；与一个靠谱的爱人相处，伴侣会觉得有所依靠。总之靠谱的人给了他人一道心里底线，即使他的心理受了刺激，遭遇了意外，他的行为也总是不会跨过那道底线。靠谱的人让人放心，让人安心，让人有心理准备地接受即将到来的理想的或者不幸的现实。

靠谱是一种成熟的表现，成熟在某种意义上可以说是人格和心智有了某种稳定性。


英国作家毛姆在小说《啼笑皆非》中讲过这么一段耐人寻味的故事——一位小人物一举成为名作家了，新朋老友纷纷向他道贺，成名前的门可罗雀同成名后的门庭若市形成了鲜明的对比。

毛姆为我们描写了这样一个场面：一位早已疏远的老朋友找上门来，向他道贺，怎么办呢？是接待他还是不接待他？按照本意，自己实在无心见他，因为一无共同语言，二来浪费时间，可是人家好心好意来看你，闭门不见似乎说不过去。于是只好见他了。见面后，对方又非得邀请他改日到他家去吃饭。尽管他内心一百个不乐意，但盛情难却，他不得不佯装愉悦地应允了。在饭桌上，尽管他没有叙旧的心情，可是又怕冷场，于是又得强迫自己无话找话。这种窘迫相可想而知……来而不往非礼也，虽然他不再愿意同这位朋友打交道，但他还是不得不提出要回请朋友一顿。他还得苦心盘算：究竟请这位朋友到哪家饭店合适呢？去第一流的大酒店吧，他担心他的朋友会疑心自己是要在他面前摆阔；找个二流的吧，他又担心朋友会觉得他过于吝啬……

面对别人的请求，当你有时间，并且有能力的时候，不要轻易拒绝。但是没有人是万能的，当你真的力所不能及的时候，就不要碍于面子，不好意思说"不"了。试想一下，如果硬撑着答应，将来误了事儿，那才不好收场。

在工作中，领导让你做某事儿时，你要认真地考虑好，这件事自己是否能够胜任。把自己的能力与事情的难易程度以及客观条件是否具备结合起来考虑，然后再决定是否去做。

孙刚到某中学任教没几天，正好赶上市教委到该校选人，拟对全市中学进行实地考察，并写出调查报告。因孙刚还没有安排授课，就选了他去。起初，他感觉为难，心想自己不仅对本市中学教育情况不熟悉，就是对教育工作本身，自己刚刚走出校门，又能知道多少呢？他本不想参加，无奈校长已经开口，实在不好拒绝，只好勉强服从。

转眼间，一个半月过去了，别人都按分工交了调查报告，唯有他一个人，由于不熟悉情况，又缺乏经验，对自己分工调查的三个中学连情况都没摸清，更不用说分析了。市教委主任很恼火，责备该校校长，怎么推荐这么一个人。孙刚面子上受不住，又气又羞愧，一下子病倒了，在床上躺了两个星期。

孙刚由于当初不好意思拒绝，最终面子难保，身心都受到了伤害。作为下级，往往在领导提出要求时，虽然不乐意，但又不好意思拒绝，但是你没有考虑到，如果为了一时的情面接受自己根本无法做到的事，一旦失败了，领导就不会考虑到你当初的热忱，只会以这次失败的结果对你进行评价。如果你认为对上级拜托你的事儿不好拒绝，或者害怕因拒绝会引起领导不高兴而接受下来，那么，此后你的处境会更加艰难。

每个人的能力都是有极限的，我们并不是万事皆能的全才。覆水难收，话一出口就没有挽回的余地，后果就需要自己去承担。一旦失利，失去的不仅是做成这件事的机会，还有他人对你的信任。试想一下，一个只会说不会做的人，谁会喜欢。因此，当遇到他人的请求时，不要把话说得太满，要给自己一个回旋的余地。这样才能给人留下靠谱的印象，不仅让你更容易交到朋友，得到他人的信任，也会减少你遭到外人误解的概率。

靠谱并不是一个概念很明确的词汇，汉语词典里也没有这个词。但"谱"的意思是好理解的，菜谱、琴谱等词汇我们经常使用，总结起来，谱就是一定的规则，就是按照一定的思路去做事，最终要得到一个意料之中的，或者至少八九不离十的结果。靠谱就是结果不要和预期相差太远，靠谱的人应该是理性的，有原则的，基本能被预料到的。

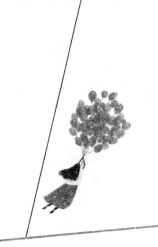

# 第七章

收起你的玻璃心，
请待工作如初恋

# 1.你最大的优势就是工作的激情

　　工作对大多数人来说是不可缺少的，但是在这个竞争越来越强的时代，你如何才能表现出比别人高的竞争力呢？最好的竞争就是敬业，而这些都反映在你的态度上。如果你没有更多更明显的优势，那么积极的人生态度和做事的态度就是最大的资本和优势，就是竞争力。

　　你比别人多投入一些，更积极一些，更耐心一些，在这个基础上，你终将会走向成功。

　　很久以前，一位妙龄少女来到东京帝国酒店当服务员。这是她踏入社会的第一份工作，也就是说她将从这里正式步入社会，迈出她人生的第一步。因此她很激动，暗下决心，一定要好好干。但是让她意想不到的是，上司竟安排她去做洗厕所这种事。说实话没有哪个人喜欢洗厕所！更何况她还是一个从未干过粗重活儿，细皮嫩肉，有点洁癖的女大学生。

　　她能干好吗？洗厕所时视觉上、嗅觉上以及体力上的压力都让她难以承受，心理暗示的作用更使她忍受不了。以致当她用自己白皙细嫩的手拿着抹布伸向马桶时，胃里立马翻江倒海，恶心得几乎呕吐却又吐不出来，难受无比。而上司对她的工作质量要求却特别高：必须把马桶擦洗得光洁如新！她当然明白"光洁如新"的含义是什么，她当然更明白自己不适应洗厕所这种工作，实在无法实现"光洁如新"这一高标准的质量要求。因此，她陷入困惑、苦恼之中，也哭过鼻子。这时，她面临着进入社会的第一步该怎样走下去的抉择：是继续干下去，还是另谋职业？值此关键时刻，同单位一位前辈及时地出现在她面前，他并没有用空洞的理论去说教，只是亲自做了一遍给她看。首先，他一遍遍地擦洗马桶，直到擦洗得光洁如新；然后，他从马桶里盛了一杯水，一饮而尽！

实际行动胜过万语千言，他不用一言一语就告诉了少女一个极为朴素、简单的真理：只有马桶中的水达到可以喝的洁净程度，才算是把马桶抹洗得"光洁如新"了，而这一点已被证明可以办到。同时，他送给她一个含蓄的、富有深意的微笑，送给她一束关注的、鼓励的目光。她目瞪口呆，如梦初醒。

于是，她痛下决心：就算一生洗厕所，也要做到最出色！从此，她成为一个全新的、振奋的人；从此，她的工作质量也达到了那位前辈的高水平。当然她也多次喝过马桶里的水，是为了检验自己的自信心，也是为了证实自己的工作质量，更是为了强化自己的敬业心。至此，她很漂亮地迈出了人生第一步；从此，她踏上了全新的道路，开始了她不断走向成功的人生旅程。很多年后她成为日本政府的邮政大臣，她就是野田圣子。

所有的事实都证明：无论你做什么样的职业，要想成功，都会有一个共同的要求：积极的工作态度和一流的敬业精神。

能够做好自己的工作，是成功的第一要素。在各行各业，人类活动的每一个领域，都需要能自主做好手中工作的员工。如果你能够尽到自己的本分，尽力完成自己应该做的事情，那么总有一天，你能够随心所欲从事自己想要做的事情。

有一个很有名的故事在经济学界广泛流传，有人称之为"管道效应"。

很久以前，在意大利的一个小村子里，有两位名叫帕特和布鲁诺的年轻人，他们是堂兄弟，两位年轻人是最好的朋友，雄心勃勃，渴望有一天能通过某种方式，成为村里最富有的人。

一天，机会来了。村里决定雇两个人把附近河里的水运到村广场的水缸里去。这份工作交给了帕特和布鲁诺，两个人都抓起两个水桶奔向河边。一天结束后，他们把整个镇上的水缸都装满了。村里的长辈按每桶水一分钱的价格付钱给他们。

这在当时的确是份好工作，而且收入很高。有一天帕特找到布鲁诺说："我觉得这份工作很好，但是你考虑过没有，当我们老了怎么办？我们病了怎么办？我们干不动了怎么办？我觉得我们应该挖一个管道把水引进村里来。"

布鲁诺听后说："你疯了，我们现在的收入有多好？我算过，我们每天可以提100桶水，每一桶水有一分钱的收入，我们每天有一元钱的收入。"在当时这一元钱是很大的数目。

接着他说："我们有这么好的收入，我们为什么要去冒那个险？我们现在的收入可以让我们隔一两个星期买一双皮靴；

我们好好地干，几个月可以买一头牲畜，买我们需要的。我们为什么要去挖那个该死的管道？那个管道怎么挖？挖成了又会怎么样？挖不成怎么办？我不去冒那个险。"

而帕特说："我去做。"帕特除了每天完成他的提水工作，还利用很多的业余时间，一寸一寸地挖他的管道。很多年以后，管道终于挖成了，这时的布鲁诺人也老了，背也驼了，提水也有点提不动了；而帕特管道里的水却源源不断地流入了这个村庄，因此再也没有人需要布鲁诺去提水了，布鲁诺又变成了穷人。

人对工作的态度大致可以分为三种：一种把工作当成职业，一种把工作当成副业，还有一种把工作当成事业。很显然，上述故事里的布鲁诺属于第二种人，得过且过，有吃有喝就够了，不会有心思做长远的打算。而挖管道的帕特则属于第三种人，不是为了工作而工作，而是努力工作并且完善工作，以求达到最好的结果。

对工作没有激情的人，不喜欢工作，厌恶工作，总是想浑水摸鱼逃避自己应尽的义务。而对工作充满了激情的人，却会将工作当成自己的事业，他们认为工作是"万病良药"，并且通过努力改变了人生。

## 2.让问题到你为止

有时候，工作中遇到的问题，很大程度上并不是事情本身造成的，而是由自身的某种缺陷造成的。很多人不及时地从自身寻找突破口，而是怨天尤人、缺乏行动，结果他们只能被问题淹没，有的甚至不得不离开自己的工作岗位。如果遇到问题时，我们能积极地从自身寻找原因，寻找能够得到发展的突破口，就会得到积极的效果。

小高和小严都是同一家公司的业务员，他们差不多是同时进入这家公司的。

作为初涉营销领域的新人，他们都不同程度地面临着人际关系复杂、业绩不如意等问题，但是小高得到了升迁，而小严却离开了公司。原因是什么呢？

原来，小严在种种问题的压力下总是抱怨自己的运气不好，抱怨周围的同事瞧不起他，如此一来，他承受的心理压力越来越大，以致工作中的问题变得越来越严重，最后不得不辞职离开了公司。

小严有着很严重的退缩心理，在这种消极心理的影响下，他遇到工作和人际关系中无法解决的问题时只想逃避，而不从自身去寻找解决问题的突破口。小严没有认识到，不管在哪一家公司他都会遇到同样的问题，这种怨天尤人的态度是不可取的。

相反，小高在遇到和小严同样的问题时，他首先综合分析了自己的问题，然后针对自己的不足积极学习以弥补自己的缺陷——要做好营销，首先就要搞好人际关系，因此必要的沟通与交流是必不可少的。为了锻炼自己的口才，小高总是积极地在各种场合锻炼自己，并抓住每一个发言的机会。另外，他平时还积极地找上司和同事沟通，并且学会了从别人的角度看问题。

由于小高积极地改变自己，在市场开发中取得了很好的成绩。同时，他还针对自己的陋习，比如工作时的惰性心理等进行了改变。小高在改变自己的过程中，工作中的问题也逐渐得到了解决。他的业绩不断地增长，最后被提升为部门主管。

小高的成功，应该归功于他在遇到问题时积极地从自身寻找解决问题的办法，积极地改变自己。俗话说"变则通，通则久"。在工作中遇到问题时，我们不妨多从自身的角度考虑，及时改变自己不适应工作的那些缺陷。另外，每个人每天都要面对新问题，因此，你考虑问题的角度、解决问题的办法也要随问题的不同而改变。

只要你肯直面自己身上存在的问题和不足，从现在开始积极行动，改善自己不良的工作状况，提升自己的价值，总有一天你会取得进步。

对于员工而言，当遇到问题和困难时，能主动去找方法解决，而不是找借口回避责任，找理由为失败辩解，对一个人在职场中的成功和发展具有决定性的作用；同时，这一点也是一流人才的核心素质。

很多人在遇到问题或将事情办砸后，习惯所做的就是想方设法为自己开脱，而不是主动地去寻找破解之道和挽救方法。

洛克菲勒曾经说过："思路一转变，原来那些难以解决的困难和问题，就会迎刃而解。"试想，即使你找到了为自己开脱的理由也不能将现有的问题解决，而主动地寻找解决方法却能成为你日后成才的基石。一个一流的员工，绝对是奉行这样的理念的："不找借口找方法，方法总比问题多！"

在任何一家企业，能够主动找方法解决问题的人，最容易脱颖而出。因为，方法能为人解除不便，让他人有更大的发展，更能给企业创造最直接的效益。因为，任何企业的老板，都会格外重视想方法帮企业解决问题的人。

在美国，年轻的铁路邮务生佛尔曾经和许多其他的邮务生一样，运用陈旧的方法分发信件，而这样做的结果，往往是许多信件被耽误几天或更长的时间。

佛尔对这种现状很不满意，于是想尽办法来改变。很快，他发明了一种把信件集合寄递的方法，极大地提高了信件的投递速度。

佛尔升迁了，5年后他成了邮务局帮办，接着当上了总办，最后升任为美国电话电报公司的总经理。

华人首富李嘉诚的名字可谓家喻户晓。他初涉商海时，就是一个能找对方法解决问题的高手。他先是在茶楼里做跑堂的伙计，后来应聘到一家企业当推销员。做推销员首先要能跑路，这一点难不倒他，以前在茶楼成天跑前跑后，早就练就了一副好脚板，可最重要的问题还是——怎样千方百计地把产品推销出去？

有一次，李嘉诚去一栋办公楼推销一种塑料洒水器，一连走了好几家都无人问津。一上午过去了，一点成绩都没有，如果下午还是毫无进展，那这一天就是白跑了。

尽管推销非常艰难，他还是不停地给自己打气，精神抖擞地走进了另一栋办公楼。他看到楼道上的灰尘很多，突然灵机一动，没有直接去推销产品，而是去洗手间，往洒水器里装了一些水，将水洒在楼道里。经他这样一洒，效果很好，原来脏兮兮的楼道一下变得干净了许多。这一举动立刻就引起了主管办公楼的有关人员的注意，主管人员向他购买了洒水器。就这样，一下午他就卖掉了十多台洒水器。

李嘉诚最后之所以能推销成功，就是因为他找对了推销的策略，巧妙地将洒水器的功用明明白白地展示给了自己的潜在客户，赢得了实实在在的订单。

许多时候，我们并没有做好自己的工作，究其原因，其实就是在错误的时间、错误的地方，用了错误的策略做了错误的事，最终只能收获一个错误的结果。

事实上，任何事情的发生、发展都有自己的规律，哪怕是突发事情，也有个起因和结果。问题是我们能否找到最关键、最巧妙的办法来解决问题。

阿基米德说："给我一个支点，我可以把地球撬起来。"其实，找到问题的关键，你也一样可以做到。

## 3.看到薪酬背后的成长机会

有很多人认为，我为企业工作，企业就应付我一份相应的报酬，等价交换，否则我怎么能体现自己的价值呢。因此，他们的眼睛紧紧地盯住薪水，看不到工资以外的东西。

当然，任何人都离不开金钱，任何职场里的人都不能不考虑薪水，如果没有钱，就不可能有发达的文化、文明的社会。没有了薪水，员工也就无法维持生计。

生计当然是工作的一部分，但在工作中充分发挥自己的潜力，使自己的能力得到最大的发挥，这是比生计更可贵的。生命的价值不能是仅仅为了面包，还应该有更高的需求和动力，不要放纵自己，要时刻告诫自己，要有比薪水更高远的目标。

一直想薪水的人会执着于金钱，工作起来会斤斤计较，总是采取一种应付的态度，能少做就少做，能躲避就躲避，敷衍了事。他们只想对得起自己挣的工资，从未想过是否对得起自己的前途，是否对得起家人和朋友的期待。之所以出现这种状况，原因在于人们对于薪水缺乏更深入的认识和理解。大多数人因为自己目前所得的薪水太微薄，而将比薪水更重要的东西也放弃了，实在太可惜。

小李应聘进入一家做玩具的企业，到企业工作后，他迅速地融入工作中。在几位老同事的指导下，小李处理事情让企业老总马斌非常满意。但两星期后，小李工作起来没有刚来时那么热情了。因为她发现，企业里她学历最高，但工资却最低，心里感觉挺不平衡。马斌发现了小李情绪的低落，马上找她谈话，告诉她只要她工作做得好，企业绝对不会亏待她。谈话时，小李没说什么。但第二天小李找到马斌，要求马斌要么提高她的月薪，要么每月按业绩发提成。而马斌认为，小李的薪酬是他们经过测算的，不是随便给的。而且小李是新人，刚进企业，好多地方需要老员工指导，在小李没给企业创造出效益之前，不能提高薪酬。马斌将有关道理和小李讲了，小李当时表示理解。但小李并没因此努力工作，她每天除完成其部门经理分派的任务外，其他什么事情也不做，就坐在那里刷朋友圈。工作一个月后，小李连个招呼也没打就离开了企业。

一个整日盯着别人的工资单，为了比拼工资而大伤脑筋的人，不会看到工资背后的成长机会，自然也不会从工作中获得扎实的技能和经验，这样的人即使在本职工作上做个三五年，也不会有所提升，更不会受到上司的器重——他根本不是上司需要的那种人。

我们当然不能不拿钱白干活，但是如果你想有所作为有所成就，就不要单单以金钱的多少来衡量自己工作的意义，也不要盯着他人的工资单不放。

在招聘中，面试官问甲和乙："很多单位对于工资单是保密的，有没有想过为什么老板要这么做？"

甲回答："老板害怕员工看到了别人的工资比自己高，心里不平衡。"

乙回答："老板希望员工在工作中习得技能、培养经验，而不仅仅是为了金钱。"

结果当然是乙胜出了。

福特汽车创始人亨利·福特十分欣赏一位年轻人的才能，很想帮助他实现梦想，然而，当年轻人说出他的梦想时，福特却被吓了一跳，原来，这个年轻人最大的愿望就是赚足100亿美元——比福特当时所有财产的10倍还多很多！

亨利·福特问："你要这么多钱干什么？"

年轻人想了一下："我一直都很崇拜你，在财富上超过你是我人生的最大目标！"

"如果你仅仅是为了钱而工作，你就会失去'前途'和'钱途'，你还是好好想想吧！"亨利·福特愤愤地说。后来，亨利·福特就不再和年轻人见面。

五年后的一天，年轻人又回到福特汽车公司，找到福特说："这些年我已经明白仅仅和他人比富最终都会一无所有，从现在开始我要对自己的人生负责，开始做一些有意义的事……现在，我想办一所大学，但我还差一半资金，请您借给我10万美元，可以吗?"

福特竭尽所能帮助这个年轻人，两人再也没有提过100亿美元的事。

几年后，这个年轻人依靠自己的能力和亨利·福特的帮助取得了成功，建成了自己的大学——伊利诺斯大学，圆了梦想，他，就是本·伊利诺斯!

在我们的日常生活中，很多人都像当年的本·伊利诺斯一样，整日盯着别人的工资单，以拥有金钱的多少来定义自己的成功，不遗余力地为钱而工作，工作对于他们也就是一种赚钱的工具而已。

然而，这种没有责任心的方式最终让他们失去更多赚取金钱的机会，甚至让他们葬送了自己的前程。因为一个人的工资是大致固定的，而工作的多少却是不定数，若是在"金钱"视野下，当没有钱作为动力时，他们就对手头的工作失去了兴致，而无论什么工作，只要你摆脱物质欲望，忽视了金钱的动力，你都会投入无限的热情。在这个过程中，你就能发挥自己最大的才华和潜力，最终在不断的提升中，实现了自己真正的需求——自我实现的需求。自然，这时候你的工作质量和效率也会随之提高!你个人在工作中的满足感也会迅速成长!那么，你想得到的高薪水、高职位也会"不期而至"。

我们仔细分析一下，薪酬是企业对员工所做的贡献——包括实现的绩效，付出的努力、时间、学识、技能、经验与创造——所赋予的相应回报与答谢。但是薪水仅仅是员工工作报酬的一部分，而且是很少的一部分。除了工资，工作给予员工的报酬还有珍贵的经验、良好的训练、才能的表现和品格的培养。这些东西与用金钱表现出来的工资相比，其价值要高出许多。

一些心理学家发现，金钱在达到某种程度之后就不再诱人了。即使你还没有达到那种境界，但如果你忠于自我的话，就会发现金钱只不过是许多种报酬中的一种。

试着请教那些事业成功的人士，他们在没有优厚的金钱回报下，是否还继续从事自己的工作？大部分人的回答都是："会继续！我不会有丝毫改变，因为我热爱自己的工作。"想要攀上成功之阶，最明智的方法就是选择一份即使酬劳不多，也愿意做下去的工作。当你热爱自己所从事的工作时，金钱就会尾随而至。你也将成为人们竞相聘请的对象，获得更丰厚的酬劳。

不要为薪水而工作，因为薪水只是工作的一种报偿方式，虽然是最直接的一种，但也是最短浅的。一个人如果只为薪水而工作，没有更高尚的目标，并不是一种好的人生选择，受害最深的不是别人，而是他自己。

一个以薪水为个人奋斗目标的人是无法走出平庸的生活模式的，也从来不会有真正的成就感。虽然工资应该成为工作目的之一，但是从工作中能真正获得的更多的东西却不是装在信封中的钞票。

不要刻意考虑工资的多少，而应珍视工作本身给你创造的价值。要知道，只有你自己才能赋予自己终身受益无穷的黄金。

企业支付给你的工资也许是微薄的，没有达到你的期望，但工作中还有很多东西能让你微薄的工资增值，那就是宝贵的阅历、丰富的工作经验、能力的外现和品行的锻造。这些显然是不能用金钱来衡量的，也不是简单地用金钱就能买到的。

## 4.不管你在哪工作，别一下班就赶紧回家

英特尔总裁安迪·葛洛夫应邀到加州大学伯克利分校作演讲时，为即将毕业的学生提出一个职场工作建议："不管你在哪里工作，都别只把自己当成员工——应该把公司看作是自己开的一样。"

当然，这番话后的真正含义并非让你对企业所有的方面都指手画脚、横加干涉，而是希望你提高自己的责任意识，积极主动地为自己的工作负责，为所在企业负责。这样，不仅让所在企业收益颇多，更重要的是能让你更快更好地在职场生存。

世界知名企业IBM的所有新进职员，在参加公司的培训

时，都会收到公司灌输的保持"像上司和老板一样思考"的工作态度和思想，对与自己工作相关的同事和相关领域内的资源都要有所了解。并要积极主动地和上司保持有效沟通，保持高度的工作热情，逐渐培养独立解决问题的能力。

"像老板一样思考"这种工作态度是IBM的创始人老托马斯·沃森提出的。在公司举行的一次销售会议上，老沃森先介绍了公司当前的销售情况，分析了面临的种种困难。整场会议下来，大多都是老沃森自己在说，其他人显得烦躁不安，尤其是新进职员。

会议从下午一直持续到黄昏，气氛异常沉闷，忽然老沃森缄默了10秒钟。当大家发现这个停顿有些不对劲的时候，他在黑板上写了一个大大的"THINK（思考）"，转身对大家说："我们在做事和解决问题时，缺少一个理念——思考，对所有问题的思考。大家时刻都要记得，我们都是靠工作赚得薪水的，只有也必须把公司的问题当成自己的问题来思考，才能更好地解决工作中的难题和困境。"之后，他要求每个人对公司目前的处境提出一个建议，实在没什么建议的，可以针对他人的问题，阐述自己的观点和看法，否则就不能离开会场。

结果，会议获得了空前的成功，许多公司中存在的问题都一一找到了行之有效的解决方法。

从此，"像上司和老板一样思考"成了所有IBM员工的座右铭。由于其深厚的企业文化传承，IBM公司的经理和员工都有一种涌自内心深处的荣誉感。这种荣誉感也是推动IBM公司这列高速火车朝向企业目标前进的动力。

IBM公司的员工都会很骄傲地告诉别人："我在IBM公司工作！"

从事任何一项工作，都必须依靠一种精神力量和内在动力去推动。一名没有管家意识的员工，能成为一名积极进取、自愿自发的员工吗？

职场上，人们都有这样一种错误认识，那就是老板理应比员工更积极，因为老板是企业的主人，而员工只不过是打工的。这种错误认识使得很多员工不能像老板一样积极地为企业着想。

必须承认，老板与员工的心理状态很难达到完全的一致，角色、地位和对企业的所有权不同，导致了这种心态的不同。在许多员工的头脑中，"员工是企业的主人"，诸如此类的话只不过是一句空话。他们经常会对自己说：我只是在打工，如果我是老板，会把企业做得更好。但事实上，不能为企业尽力的人，就会形成一种思维定势，一旦自己开企业，也会理所当然地认为所有的员工也是这样的一种心态，因此他们就会将所有的任务都承担下来，以免员工的工作对于企业的整体起了破坏的作用，而最终将自己送上一无所获的不归路。这是人性的弱点，它使得人们背上了沉重的悲剧包袱，但它是可以改变的。

有的人想，我本来就不想当老板，当一名普通的员工，这样度过一生也挺好的。这种人的工作哲学是：我付出多少就应该得到多少回报；自己的工作一定会完成，多余的工作绝不去做。他们每天按时上班下班，做事中规中矩，职责之外的事一概不予理会。"不求有功，但求无过"是他们工作的座右铭。综观所有的有这种心态的人，没有一个是事业有成的人，他们经常被拒在"职业门"之外，整日为找到一份他们认为的踏实的工作而奔波。

每一个员工都希望在实际的工作中，不断地提高自己的能力，以便适应这个竞争激烈的社会。而"像老板一样为企业着想"，不仅是一种工作态度，还是一种提高能力的方法。好员工应该关注于可能性而不是局限性，即在工作中把目光盯住可能发生的机会，做好准备，努力让自己抓住机会。"像老板一样为企业着想"，久而久之，你的能力也就得到了提升，自然离你的目标也就越来越近。

如果每一个员工都以自己是老板的眼光及角度为出发点考虑问题，那么企业稳健成长及个人提升也就成为理所当然的事情了。当你以老板的角度思考问题时，应该对你的工作态度、工作方式以及你的工作成果，提出更高的要求与标准。只要你深入思考，积极行动，那么你所获得的评价一定也会提高，你很快就会脱颖而出的。

当然，"像老板一样为企业着想"，并不是说要所有的人都可以成为老板，而是向员工提出了更高的标准。要知道，我们的工作并不是单纯地为了成为老板或是拥有自己的企业，我们既是在为自己的过去工作，也是为自己的未来工作。我们工作不是为了企业，最终的受益者是我们自己。

你要做到像企业的主人一样，认真负责地对待企业中的每一件事。热爱企业，积极地处理企业事务。如果你只恪守企业中的规定，只做自己分内最少量的工作，一下班就赶紧回家，你就不大可能为自己赢得良好的声誉，也不可能有更好的机会。

在工作中只有能够像老板一样为企业着想的人，才是企业最需要的人。他们会在竞争激烈的职业生涯中立于不败之地，并用自己的知识、热情和勤奋为企业创造更多的财富。无论企业出于什么状态，他们都不会产生消极倦怠的工作态度，也不会抱怨不止，而是积极主动地去工作。这种人才是企业的中流砥柱，不管他从事什么样的工作，都会比那些只具备打工者心态的人更容易走向成功。

## 5.节约一分钱，等于为公司赚了一分钱

美国航空公司是美国最大也是最赚钱的航空公司之一，美航的成功，归因于它的执行长官罗伯·柯南道尔及其管理团队所采取的一系列改进策略，其中，最有效也最具特色的就是全方面降低成本方案。

为了提高竞争力、增加利润额，美航一直想大大缩减运输成本，但尝试了几个整改方案：更换现代化节油飞机；发展轴

辐式的路线结构以减少间接成本；增加班机座位密度；通过劳动契约和双层工资结构减少劳工成本……以及削减燃油与其他非劳工的变动成本，但几次变更之后，却收效甚微。

接着，美航又提出"三色机计划"——除了代表美航标志的红、白、蓝条纹外，飞机上不加任何油漆。这样一来，一架客机就大约轻了400磅，光是燃油费，每架飞机每年就能节省1.2万美元。

这似乎还不够，于是，柯南道尔一上任就推出了系列"缩减运营成本"的方案。

从20世纪80年代中期开始，美航每架飞机的内部重量都至少减轻了1500磅。一切只因为内部大改造——换上重量较轻却更舒服的座椅，金属推车改换成强化塑钢，枕头和毛毯都换小一号的，在头等舱中使用轻型器皿，重新设计服务空厨。这些改变，使得每年每架飞机的运营成本至少节省2.2万美元。

最为人们津津乐道的是，一直被其他各大航空公司忽略的旅客餐食也成了柯南道尔的"眼中钉"。一次偶然的机会，柯南道尔发现大多数乘客都会"剩菜"，于是，他下令缩减晚餐沙拉的分量！接着，又下令替换掉每位旅客沙拉中的一粒黑橄榄。如此一来，又为美航每年省下7万美元。

当然，上述所有运营成本的缩减方法并不是柯南道尔一个人提出来的，所有提出积极性建议的员工都获得一定的奖励，有的人薪资被提高，有的人职位被提升。

很多员工认为，为企业创造利润、节省成本是老板应该做的,而没意识到这也是自己分内的职责。"利润至上"是所有企业发展的目标和原始推动力,是企业存在的根本。所以,老总们都希望员工头脑中有一个简单却至关重要的概念,那就是,怎么给公司赚钱,怎么给公司省钱,怎么在稳定经营的基础上增加收入、节省开支。

这恰恰是老板梦寐以求的。因为节约成本,就是变相地创造利润。

曾涛和夏雨两个人到一家公司应聘,一路过关斩将,最后进入了复试阶段。公司总经理交给曾涛一项任务,要他去指定的那家商场买打印纸,过了一会儿,总经理说纸不够,又叫夏雨去同一商场买。

他们两个先后都回来了。在总经理面前报账的时候,曾涛除了买铅笔的钱,来回坐车的钱是2元;而夏雨除了买墨水的钱,来回坐车的钱是4元。

原来,时值盛夏,天气酷热,曾涛坐的是普通公交车,所以票价只要1元;而夏雨因天气热坐的是空调公交车,上车就要2元。所以,夏雨的车票钱和曾涛的车票钱不一样。

很自然,曾涛被公司录取了。总经理是这样对他们说的:"具有成本意识,懂得为公司节约的员工,将来也能为公司赚钱。"

千万不要认为一家公司只有生产人员和营销人员才能争取客户、增加产出,为公司赚钱。一家公司要产生利润,还必须依仗"节流"。不直接与客户打交道的员工也能通过节俭为公司赚钱。

因此，每一名员工，都要在工作和生活中提高成本意识，养成为公司节约每一分钱的习惯。节俭实际上也是为公司赚钱。

无论公司是大是小、是富是穷，使用公物都要节俭，员工出差办事，也绝对不能铺张浪费。节约一分钱，等于为公司赚了一分钱。就像富兰克林说的："注意小笔开支，小漏洞也能使大船沉没。"所以不该浪费的钱，一分钱也不能浪费。

曾经看到过这样一个有关节约的故事：

福海油脂公司修配车间主任郑述平，是公司的一名老员工。近几年来，他负责修配车间的维修工作，凭自己熟练的维修技术和勤勤恳恳的工作态度，赢得了领导和员工的好评。

他出色的另一面，是他变着法子为公司节约材料，变废为宝。

在福海油脂公司办公室的后面西侧，有一大堆拆卸的废旧设备和废旧配件，更确切地说，那是一个废铁堆。这一堆铁被大部分员工看成是只能卖废品的废料。可是，郑述平好像对它们特别感兴趣，他不顾烈日暴晒，不怕蚊虫叮咬，经常光临这个废铁堆。只见他手中拿着钢卷尺，量量这儿，看看那儿，在废铁堆上挑挑拣拣，当他发现有用的钢轴、皮带轮、铁板、三角铁、铁管等的时候，能拆的就拆下来，不能拆的就用气割把它们割下来，拉回修配车间留做备用。当车间急用时，经车床一加工就能用上，既节约了时间又省下采购费用，真可谓两全其美。就此一项，估计每年可为公司节约数万元成本。

现实中，我们一些员工没有成本意识，他们对于公司财物的损坏、浪费熟视无睹，让公司白白遭受损失，自然也使公司的开支增大，成本提高。

如今的一些大公司提倡这样的节约精神：节约每一分钱、每一分钟、每一张纸、每一度电、每一滴水、每一滴油、每一块煤、每一克料。

在一家效益不错的金融机构中，有一天，老板让秘书公告全公司，所有的纸都要两面用完才能扔掉。表面看来老板极其吝啬，在一张纸上都要做文章，其实这样做自有他的道理。老板说："让文员和秘书这样做，可以使公司减少支出，相对来说，为公司增加了利润，还可以培养员工的节俭和成本意识。"

## 6.有时候不是职场不公平，是你不够成熟

职场中似乎总是充满了各种不公平，激起我们的负面情绪，阻碍工作的积极性。

世界上没有绝对的公平，尤其是在职场中，面对纷杂的人际关系和利益冲突，被批评、受委屈在所难免。生气发火于事无补，那就学会幽默智慧地应对吧。

由于认知条件、信息误导、沟通不畅以及小人谗言等因素，职场工作的每一个员工都可能被老板、上司误解。比如，被冤枉，被栽赃，不被理解，同事的失误导致自己被牵连，别人的过错却被老板、上司归在自己的身上等，每个人都有过这样的时候，谁都不会例外。

关键是，这个时候我们要学会正确对待。我们可以通过各种方式去消除误解，但是，如果我们不能正确地对待，而在内心里怨恨老板、上司，那么矛盾可能会越来越深。

我们身边的绝大多数人包括我们的老板或者公司领导也是普通人，和我们大多数人一样，他们并不是特别恶劣的想要骗人的阴险家伙，等我们当了领导或许我们还不如他们，当我们觉得他们恶劣的时候，问题不一定全在他们身上。

人在职场，很多时候不得不承受一些委屈，比如，在工作中，本来一直尽心尽责，却因为某些客观的或者其他人的人为原因而造成我们的工作出现问题，老板却把问题算在了我们的身上，这样的委屈经常发生。解决这样的问题，首先要从自己身上找找原因，说不定我们自己的确有问题。

不过，误会和冤枉自然是应该有底线的，如果事件严重，影响到了公司的利益问题、形象问题，让老板或上司对自己产生很大失望和怀疑的时候，就一定要维护自己的声誉和利益了。因为如果这种误解或冤枉不能及时消除，可能会给我们造成心理压力和精神负担，还有可能会影响到我们的晋升，严重损害上下级关系。因此，面对老板或上司的误解，控制好自己的情绪，坦然面对并及时消除误解，这一点最重要。所以，要找到适当的机会，通过语言的沟通或行动上的表现为自己消除误解。

但更关键的是，我们不能只知道抱怨老板或上司，却不反省自己。忠实履行日常工作职责，全力以赴、尽职尽责地做好目前所做的工作，才能使我们的价值渐渐地获得提升。只要我们把自己的工作做得比别人更完美，正直的老板或上司，一定会改变对我们的偏见。

由于各种原因，老板或上司可能误解我们，但是我们要理解老板或上司对问题的真正想法，不要再误解他们，使我们的下一步工作走到他们要求的反面。有时候，老板或上司对我们表现出来的误解，也许是他们对我们的一种考验，也许只是一时的情绪反映，也许是我们真的处理得还有问题，只是我们自己还没有意识到。

所以，一方面，我们要多从自身找原因；另一方面，我们要充分了解自己，对自己有自知之明。什么话该说，什么事情该做，我们自己心里要有一个标准，这样会减少一些别人的误解。

中国人常说，人贵有自知之明。这实际上是说，社会生活中的每个人都应当对自己的素质、潜能、特长、缺陷、经验等各种基本能力有一个清醒的认识，对自己在社会工作生活中可能扮演的角色有一个明确的定位。心理学上把这种有自知之明的能力称为"自觉"，这通常包括察觉自己的情绪对言行的影响，了解并正确评估自己的资质、能力与局限，相信自己的价值和能力等几个方面。

有自知之明的人既能够在他人面前展示自己的特长，也不会刻意掩盖自己的缺陷。谈及自己的不足而向他人求教不但不会降低自己，反而可以表示出自己的虚心和自信，赢得他人的青睐。

能够正确地认识自己，正确理解老板、上司的意图，处理好与同事之间的人际关系，站在老板的角度去想问题、做工作，积极主动地把工作做圆满，我们就会少一些误解。

小时候我们总是觉得这个世界是公平的，只要你付出了，就会有回报。但是当你进入职场，就会发现，不公平的事情随处可见。我们身处职场，不能要求绝对的公平。过于执着只会让自己心里承受巨大的压力。哈佛商学院有本职业教材读本上指出——如果你想成为一个职场上的成功者，那么，请永远不要为职场的不公平而抱怨。

虽然面对办公室里的不公平，我们不可以抱怨，但我们除了无可奈何之外还能做很多。

要知道，阳光公平地洒向大地，却还是有地方被阴影覆盖。公平是一种理想状态，但却不总是存在。过于苛求公平的人只是自寻烦恼。

世界上没有绝对的公平，所以当我们生气地咒骂办公室的不公平的时候，不妨换一个角度来想，为什么我会遇到不公平。发现原因，再去改变它，岂不是比你怨天尤人好很多？

## 7.拥有最纯粹的忠诚

如果说企业的硬件是肢体，那么员工则是企业的血液和灵魂。作为企业的一名员工，不管走到哪里，都要始终记得自己是哪家公司的，记得维护公司的形象。

联邦快递有一个很特别的"紫色承诺"，意思是不论付出任何代价，也要确保客户对公司的服务称心满意。为了做到"紫色承诺""使命必达"，不管碰到什么麻烦，联邦快递的员工都要愿意多做一些努力去克服困难，以如期达成客户交付的责任。

在一个风雪交加的晚上，快递公司要送一个非常重要的包裹给客户。送包裹的员工快到客户家时才发现，这位客户住在山顶上，大雪已经封死了上山的必经之路，而约定的包裹送达的最后时限马上就要到了！于是这名员工当机立断，在没有请示公司的情况下自己做主，雇了一架直升飞机，并且自己用信用卡支付了所有费用，把包裹送了上去。客户感动万分，向当地媒体讲述了这件事。

这名员工在受到外界影响的时候，还能帮公司挽回信誉，也就是给公司挽回了巨大的损失。

美国新奥尔良市的考克斯有线电视公司中有一位年轻的工程师，名叫布莱恩·克莱门斯，他的工作地点是在郊区。

有一天早上，布莱恩到一家器材行去购买木料。正当他等待切割木料的时候，无意中听到有人抱怨考克斯公司的服务差劲极了。那个人越说越起劲儿，结果有八九个店员都围过来听他讲。

布莱恩当时有好几种选择。其实他正在休假，他自己还有很多工作要做，老婆又在等他回家。他大可以置若罔闻，只管做自己的事。可是布莱恩却走上前去说道："先生，很抱歉，我听到了你对这些人说的话。我在考克斯公司工作。你愿不愿意给我一次机会改善这个状况呢？我向你保证，我们公司一定可以解决你的问题。"

那些人脸上的表情都非常惊讶。布莱恩当时并没有穿公司的制服，他走到公用电话旁，打了个电话回公司，公司立即派出修理人员到那位客户家中去等他，帮他把问题解决，直到他心满意足。后来布莱恩还多做了一步，他回去上班后，还打了个电话给那位客户，确保他对一切都心满意足。事后公司负责人高度赞扬了布莱恩，并号召公司全体员工向布莱恩学习。

不管是在工作时间之内，还是在工作时间之外；也不管是身在公司，还是出门在外，员工对损害公司形象的言语和行为都应予以制止，设法维护公司形象。

　　维护公司利益包括许多方面，比如顾全大局、维护部门利益、坚决抵制破坏公司利益或公司形象的行为、正确处理个人与公司利益的关系等。

　　一名优秀的员工不但应该是公司物质利益的维护者，更应该是公司形象的宣传者与保护者。维护公司利益是一名员工必须恪守的基本的职业道德。古人云："修身齐家治国平天下。"一名优秀的员工也应该如此，把维护公司利益作为自己基本的职业道德，使其成为修身的重要组成部分。

　　维护公司利益包括两部分。

　　一是随时随地想着为公司做宣传，为公司争取利益。在市场经济时代，很多人都把个人利益放在第一位，在工作时间之外，很少有人考虑公司的利益，更别说为公司做宣传了。这种人根本就没意识到，为公司着想，为公司赢得利益，也是为自己着想，也会为自己带来利益。一名处处为公司着想的员工，不管他身在何处何时，也不管他在做什么，他都会时刻想着为公司做宣传。

　　杨先生在一家保健品公司担任推销员。一次，他乘飞机出差，却遇到了劫机事件。在各界的积极努力下，10个小时之后，问题终于得到了解决。就在要走出机舱的一瞬间，杨先生突然想到在影视作品中经常看到的情景：当被劫持的人从机舱中走出来的时候，总会有不少记者前来采访。为什么不利用这次机会，宣传一下自己的公司呢？

　　想到这儿，他立即从箱子里找出一张大纸，在上面写了一行大字："我是某某公司的推销员，我和公司的某某牌保健品安然无恙！非常感谢营救我们的人！"

他打着这样的牌子一出机舱，立即被记者们的镜头捕捉到了，成为这次劫机事件的明星！多家新闻媒体对他进行了采访报道。

待他回到公司的时候，董事长和总经理带着所有的中层主管，在公司门口夹道欢迎他。原来，他在机场别出心裁的举动，使得公司和产品的名字在一瞬间变得家喻户晓。公司的电话都快被打爆了，客户的订单更是一个接一个到来。董事长动情地说："没想到，你在那样紧张的情况下，首先想到的是我们公司和产品。毫无疑问，你是最优秀的推销主管！"董事长当场宣读了对他的任命书：任命他为主管营销和公关的副总经理。之后，公司还奖励了他一笔丰厚的奖金。

这是一个很有说服力的例子，一名员工经历危机之后，还没来得及安神定心，首先想着的却是公司。他时刻想着公司的利益，自己的利益也得到了最大的满足。

二是不能为了自己的利益去损害公司的利益。

一家外资企业要招聘一名技术人员，月工资5000元，应聘者蜂拥而至。

魏诚是一家企业的技术人员，单位效益不好，厂里连职工的生活费也提供不了，与下岗没什么区别。他正准备辞职另谋职业，得到这个消息，便也参加了应聘。前面的考题不难回答，外文、专业技术类考题他答得十分圆满，笔试顺利通过。可面试时，面试官出了两道令他难以回答的题："您所在的企业或者曾任过职的企业经营成功的诀窍是什么？技术秘密是什么？"

这类题对魏诚来说，说难不难，说易也不易。魏诚在原来的企业就是技术人员，本单位的技术秘密当然是知道的，不用思索，就能轻松回答；可是，话一直在魏诚的肚子里打转转，就是吐不出来。这是多年的职业道德在约束着他：不管怎样，我现在还没有离职，厂里的数百名职工还在惨淡经营，我怎能为了自己的利益而不顾别人的利益呢？就算我以后要离开这个单位，我也不能出卖它的利益。

思索良久，最后，他嘴里坚定地吐出4个字："无可奉告！"便自动退出了面试。他心想："打着招聘的幌子，去窥测别人的机密，这样的企业，不进也罢。"

正当魏诚四处奔波、另谋职业之际，他出乎意料地收到了录用通知书。

录用通知书上清楚地写着：你被录用了，因你的能力与才干，还有我们最需要的——保守公司秘密，维护公司利益。

"只有拥有最纯粹的忠诚，才能将自己的能力发挥到极致。"在美国，每一个刚入职海军陆战队的人，都会拿到一份有关忠诚的资料，在标题处，有几行醒目的文字："首先海军陆战队不会给你什么，但你要给海军陆战队绝对的忠诚。

如果你给了海军陆战队绝对的忠诚，海军陆战队就会给你终生的荣誉！"

军队对军人的要求如此，企业对员工也应当如此，每一个到企业应聘的员工都应当明白，任职于此就应当尽职于此，就应当维护企业的利益，否则就会被企业无情地抛弃。

# 第八章

打造一款专属于
你的人生APP

# 1.你要有一套属于自己的价值观

正确的价值观是一切决定的基础。决定是以价值为根本做出的。

清楚地知道自己人生中最重要的价值的人，往往都能很快并且很正确地做出决定。就好像那些杰出人物，他们都有很明确的一套属于自己的价值观。价值观就好像是茫茫大海中的指南针，引导你航向成功的彼岸。

每个人都有与别人不同的价值观，这是每个人经过深思熟虑，并在不断的选择中得到的。就如不同的人有不同的人生与命运一样，不同人的价值观也是不同的。

海伦是个专门报道内幕新闻的某报专栏作家，薪水也相当高。朋友们都羡慕她，也认为她是幸运的。但海伦从没感到过幸福，也没有成功的喜悦。

做内幕新闻作家，好比是挖别人的隐私，海伦认为这是很不人道的。总觉得自己是在害别人、剥削别人，而海伦喜欢帮助别人，喜欢做善事。海伦的"内在倾向"也是如此。

海伦不喜欢做这种专写内幕新闻的工作，她认为这不适合自己。在她的观念里做这种工作是在自我伤害。做的时间越久，她越是看不起自己。也许这种专栏作家的职业对别人来说是一直寻求的梦，是不可多得的发挥自己能力的机会，但对海伦来说这是毫无成功可言的工作。

如果海伦清楚地知道自己的价值观，那么她也就不会如此痛苦，并且挣扎了。她也可能会放弃这个专栏，重新选择属于自己、适合自己的新工作，比如做好人好事专栏等。

价值观就是我们人生旅途中的指南针，也就是每个人判断是非黑白的信念体系，它引导我们去追求想要的东西。

不同的价值观导致不同的人生。我们的一切行为与决定都是以价值观为基础的。没有科学价值观的人生是不健全的人生，没有科学价值观的人同样是不健康的人。价值观影响着我们的一切反应，主宰着我们的生活方式。

在电脑上执行某种程序，首先要把相关的程序设定，然后输入资料。这样不管是多或少，复杂或简单的资料，只要是与程序对应的，它都会给你做出处理与决定。价值观好比是电脑的运算中心，不同之处是价值观不是设定好的程序，而是融在人脑中的决定是否行动的系统。

一个人的人生价值的体现取决于他的人生价值观。有什么样的价值观就会有什么样的人生，如果给自己设定的价值观是低于常人的，那么不仅你过的生活不如常人，你的能力也得不到发挥。若你的价值观高于他人，那么你的生活也会高于他人，你的能力也会得到更好的发挥。人的价值观不是一成不变的。随着时间的流逝，所得到的经验会使你的价值观不断得到改变，一次的改变只准提高不准降低，这样你的能力也不断得到提高、发挥。

"属于你的逃不掉，不是你的强求不来。"我们常会听到这句话。人生就是如此。所以不是你的不要假装拥有，是你的就要勇于承认。无需羡慕别人，因为别人也是以同样的心态羡慕着你。每个人所需要的东西是不同的，有些人喜欢自主，又有些人喜欢好的环境。其实这些都是一部分表现出来的价值观。人的一切决定、喜好都是来自于价值观这一本质。了解和接受自己的价值观是做一个诚挚的人的必经之路。

爱因斯坦曾说过："一个人的真正价值首先决定于他在什么程度上和什么意义上，从此自我解放出来。"命运不是注定的，不是改变不了的，一个人命运的好坏、不同是取决于一个人的价值观的。

## 2.想做大事，就得培养双赢观

在一般人的观念里，竞争的状态应该是以你死我活的竞争结局收场。在整个过程中，明枪暗箭，尔虞我诈是最常用的竞争手段。当竞争最激烈的时候，和平竞争可以突发为恶性竞争，直至两败俱伤。但有一部分人的观念却与此相反，他们希望竞争的双方都能够在整个过程中获利，在竞争中求合作，在合作中求生存。共赢是他们追求的最高境界，而具备这种观念的人才可能成为最大的赢家。

双赢观就是在最大限度内寻求利益双收的观念，即互惠互利，利人利己。

利人利己可使双方互相学习、互相影响及共谋其利。要达到互利的境界必须具备足够的勇气及与人为善的胸襟，尤其与损人利己者相处更得这样。培养这方面的修养，少不了过人的见地、积极主动的精神，并且应以安全感、人生方向、智慧与力量作为基础。我们都应该具备这样的观念，在竞争与合作中让自己活得精神。

好品格是利人利己观念的基础，以下三项品格特质尤其重要：

（1）真诚正直

人若不能对自己诚实，就无法了解内心真正的需要，也无从得知如何才能利己。同理，对人没有诚信，就谈不上利人。因此，缺乏诚信作为基石，"利人利己"便成了骗人的口号。

（2）成熟

成熟即是勇气与体谅之心兼备而不偏废。有勇气表达自己的感情与信念，又能体谅他人的感受与想法；有勇气追求利润，也顾及他人的利益，这才是成熟的表现。许多招考、晋升与训练员工使用的心理测验，目的都在测试个人的成熟程度。

只可惜常人多以为魄力与慈悲无法并存，体谅别人就一定是弱者。事实上，人格成熟者严于律己，宽以待人。在需要表现实力时，决不落在损人利己者之后，这是因为他不失悲天悯人、与人为善的胸襟。

徒有勇气却缺少体谅的人，即使有足够的力量坚持己见，却无视他人的存在，难免会借助自己的地位、权势、资历或关系网，为私利而害人。但过分为他人着想而缺乏勇气维护立场，以致牺牲了自己的目标与理想也不足为训。

（3）富足心态

一般人都会担心人生匮乏，认为世界如同一块大饼，人人得而食之。假如别人多抢走一块，自己就会吃亏。难怪俗语说："共患难易，共富贵难。"见不得别人好，甚至对至亲好友的成就也会眼红，这都是"匮乏心态"作祟。抱持这种心态的人，甚至希望与自己有利害关系的人小灾小难不断，疲于应付，无法安心竞争。他们时时不忘与人比较，认定别人的成功等于自身的失败。纵使表面上虚情假意地赞许，内心却妒恨不已，唯独占有能够使他们肯定自己。他们又希望周围都是唯其命是从的人，不同的意见则被视为叛逆、异端。

相形之下，富足的心态源自厚实的个人价值观与安全感。由于相信世间有足够的资源，人人得以分享，所以不怕与人共名声、共财势。从而开启无限的可能性，充分发挥创造力，并提供宽广的选择空间。

真正的成功并非压倒别人，而是追求对各方都有利的结果。经由互相合作，互相交流，使独立难成的事得以实现。这便是富足心态的自然结果。

要想潜移默化扭转损人利己者的观念，最有效的方式莫过于让他们和利人利己者交往。此外，还可阅读发人深省的文学

作品与伟人传记，或观看励志电影。当然，正本清源之道还是
要向自己的生命深处探寻。

建立在利人利己观念上的人际关系，有厚实的感情账户为
基础，彼此互信互赖。于是个人的聪明才智可投注于解决问
题，而非浪费在猜忌设防上。这种人际关系不否认问题的存在
或严重性，也不强求泯灭各方分歧，只强调以信任、合作的态
度面对问题。

然而合理的关系若不可得，与你交手的人偏偏坚持双方
不可能都是赢家，那该怎么办？这的确是一大挑战。在任何
情况下，利人利己都不是易事，更何况和自私自利的人打交
道，但是问题与分歧依然要解决。这时候，制胜的关键在于
扩大个人影响圈：以礼相待，真诚尊敬与欣赏对方的人格、
观点；投入更多的时间进行沟通，多听而且认真地听，并且
勇于说出自己的意见。以实际行动与态度让对方相信，你由
衷地希望双方都是赢家。

这是人际关系的最大挑战，追求的已不止是完成谈判或交
易，更要发挥感化的力量，使对手以及彼此的关系都能脱胎换
骨。纵然少数人实在不容易说服，我们还可选择妥协，有时为
了维持难得的情谊，不妨有所变通。当然，好聚好散也是一种
选择。

无论如何，双赢的观念应该是我们必备的。也只有在这种
观念的引导下，才不至于让竞争变得生硬而不可调和。这种观
念决定了我们的生存状态和个人成就，请你不要忽视它。

## 3.要学会从多个角度看问题，更要学会抓住一个最适合你的角度

同样一本书读完，在一千个人眼中就有一千种观点。就如一千个读者就有一千个哈姆雷特。同样一个人，有的人在乎外貌，有的人崇拜智慧，有的人仰慕人格，有的人景仰能力，对于相同的事物也一样，不同的人就有不同的感慨。同样一本书读完，在一千个人眼中就有一千种观点。就如一千个读者就有一千个哈姆雷特。

同样是晨露，同样是昙花，同样是流星，同样是烟花，在有些人眼里是短暂的永恒，是人生最绚丽的顶点，是诗行最美丽的凝固；可是在有些人眼里，这是美的太短暂，这是美还没有来得及触摸就消失，是哀叹也是怅然。同样是雨，有人听出流动的歌，有人听出泪水的忧伤；同样是风，给有些人带来落魄，却给有些人带来豪迈……这又是为什么呢?

从前有个国王，他看见了一个躺在马路上的乞丐，一时恻隐心起，便问那乞丐："你需要我的帮助吗?"那衣衫褴褛、蓬头垢面的乞丐望了望国王，说："需要，那就是请您站到一边去，别挡住我的阳光。"这个乞丐就是哲学家苏格拉底。

　　一位旅行家开始了她的快乐而富于刺激性的藏北之行，夜晚降临，寒风呼啸，她叩开了低矮小屋的门。这是一个贫穷农妇的家，屋子空荡荡的，什么都没有。清贫的景象不禁让旅行家想起了自己那遥远的条件优越、温暖而又舒适的家。她的眼里禁不住闪出同情和怜悯来："可怜的人！但愿我能帮助你！"农妇明白了她的意思后，快乐的脸庞并没有改变，她心疼起这位旅行家，拉起她的手连声说："可怜！可怜！一个女人要到处奔波，风霜雨雪的，真可怜！"

　　这两个故事蕴涵的意思其实有异曲同工之妙，国王以为乞丐可怜，于是想要同情帮助乞丐，可是乞丐出乎意料地说不要挡住阳光，一点没有觉得自己很卑微，一点没有觉得自己痛苦、不快乐，反倒是幸福地晒着太阳；女旅行家原本以为一贫如洗的农妇非常可怜，可是农妇一点也没有对自己的生活有什么不满意，觉得这样安稳守着一个家，是一种踏实，是一种幸福，内心根本没有贫寒的概念。反倒在妇人眼里，可怜的人是那个在外奔波的旅人。这样看来世界上其实是没有可怜人的，因为每个人的生活都有其幸运之处。至于怎么看待生活，就看我们内心是从哪个方面去看，看到的最重要的东西是什么了。

　　世上的事如果从不同的角度去认识，就会得出不同的结果。关键在于我们怎么看待自己的生活。不管他人与自己的意见是否相异，每个角度的意见都值得去采纳。有智慧的人，不会与使用不同角度观察世界的人争吵。

　　很多人都会有这样的体会，如果想要认识一个三维空间内的几何体, 仅仅有正视图是不够的, 还必须要有由多个角度得到的视图才能准确说出这个几何体的形状。有时候, 看的角度不同, 会得到截然不同甚至看似矛盾的结果。但是, 它们是可以统一的, 前提就是将它们放在一个更高更大的环境中。现实也是如此。事物总是客观存在的, 它不是两面性、三面性的, 而是多面的、不规则的, 而我们却常常过于主观地单从一个角度去看待它, 从而不了解它的真面目, 犯下错误。所以, 我们应学会从多个角度去看问题。每当多发现一个角度, 就会受到一个新观点的冲击, 角度看得多了自然就能碰撞出好的想法。

英国一家公司招聘员工时, 出了这样一个考题:

"在一个风雨交加的晚上, 你开着一辆只能载一位乘客的汽车, 路过一个车站。那里有3个人在等车, 一位是医生, 一位是让你思慕的年轻姑娘, 一位是得急病的老妇人。老妇人如果不能及时送到医院, 就会死去, 但是, 如果你去了医院, 你将失去年轻的姑娘 (这里假设这是一个绝佳的、最后的机会), 你该怎么做?"

只有一辆车, 只能带一位, 老妇人病急, 仅剩的对心上人表白的机会, 情况错综复杂, 事态危急紧张。在复杂的现象面前, 如何看待问题? 从哪个角度着手解决? 看似简单, 实质上每一个问题都在考验着一名员工的品质。

200个应聘者大多数抓耳挠腮, 没有说出理想的答案。最后, 一位应聘者提出了绝佳的解决办法: 让医生开车送老妇人去医院, 自己留下来陪年轻的姑娘!

中国有许多俗语似乎相互矛盾，其实不然。比如，当一个人有难时，我们会想到"英雄不吃眼前亏"和"士可杀不可辱"，这两个一个强调变通，一个强调坚持。但哪一种才正确呢？其实，从各自的角度讲，它们都有可取之处，但又有各自的局限性。过分的变通会导致人格上的左右摇摆，而过分的坚持又会导致不必要的牺牲。所以我们应该学会审时度势，从多个角度看问题。现实情况发生时也应该如此。当然，这并不是说你要做"墙头草"，因为从另一个角度看，改变也许是为了更好地坚持。

我们不仅要学会从多个角度看问题，还要学会抓住一个最适合你要求的、最能一针见血的角度去进行辩证思考，从而拿出解决问题的方案。就像做数学题，方法有许多，但如果你能从最能反映问题本质的角度入手，必能拨云见日，切中要害。

## 4.别答应你无法兑现的事

"君子一言，驷马难追"，讲的是做人要守信。一个不讲信用的人，是为人所不齿的。现在的生意场上，公司、企业做广告做宣传，树立公司、企业在公众中的形象，就是想提高公司、企业的信用度。信用度高了，人们才会相信你，和你有来往，愿意合作生意，你办事也会容易成功。

人无信不立。信用是个人的品牌，是办事的无形资本。有形资本失去了还可以重新获得，而无形资本失去了就很难重新获得了。办事再困难也不能透支无形资本。


诸葛亮有一次与司马懿交锋，双方僵持数天，司马懿就是死守阵地，不肯向蜀军发动进攻。诸葛亮为安全起见，派大将姜维、马岱把守险要关口，以防魏军突袭。

这天，长史杨仪到帐中禀报诸葛亮说："丞相上次规定士兵100天一换班，今已到期，不知是否……"诸葛亮说："当然，依规定行事，交班。"众士兵听到消息立即收拾行李，准备离开军营。忽然探子报魏军已杀到城下，蜀兵一时慌乱起来。

杨仪说："魏军来势凶猛，丞相是否把要换班的4万军兵留下，以退敌急用。"诸葛亮摆手说："不可。我们行军打仗，以信为本，让那些换班的士兵离开营房吧。"众士兵闻言感动不已，纷纷大喊："丞相如此爱护我们，我们无以报答丞相，决不离开丞相一步。"蜀兵人人振奋，群情激昂，奋勇杀敌，魏军一路溃散，败下阵来。

诸葛亮向来恪守原则，换班的日期来到，即毫不犹豫地交班，就是司马懿来攻城也不违反原则。以信为本，诚信待人，终于换来了他在战场上的胜利。

当朋友托我们给他办事时，我们提供帮助是在情理之中。但是，办事要量力而行，不要做"言过其实"的承诺。因为，诺言能否兑现除了个人努力的问题，还有一个客观条件的因素。平时可以办到的事，由于客观环境变化了，一时又办不到，这种情形是常有的事。因此我们在朋友面前不要轻率地许诺，更不能明知办不到还打肿脸充胖子，在朋友面前逞能，许下绝对不能实现的"轻诺"。

当你无法兑现诺言时，不仅得不到朋友的信任，还会失去更多的朋友。

有一个年轻人在银行工作。他过去的老师想开一家公司，却缺少资金，便去问他能不能帮忙贷款。他想："这是老师第一次找自己帮忙，怎么能拒绝呢？"当即一口答应。可是，他毕竟才刚参加工作不久，还没有足够的资历，老师的贷款请求又不完全合乎规章，所以，当老师租好门面，请好员工，等着资金开业时，他这里却拿不出钱来，情况很尴尬。老师大怒，责备他说："你这不是捉弄我吗？你即使不想帮我，也不该害我！"他什么都说不出来，只好苦笑。

有些人是不好意思拒绝别人而向他人承诺，而有些人则喜欢胡乱吹嘘自己的能力，随随便便向别人夸下海口，承诺自己根本办不到的事情。结果不但事情没有办成，自己的人缘也搞臭了。

　　某厂职工小方，经常向同事炫耀自己在市房管所的人脉，说自己能办房产证，而且花钱少、办事快。开始人们还信以为真，有些急于办理房产证的同事便交钱相托，但时过多日，不见回音，他们问到小方，小方只说："近来人家事儿太多，再等等。"拖得时间长了，同事们对他的办事能力产生怀疑，便向他要钱，他推脱责任说："谋事在人，成事在天。懂不懂？你的事儿虽然没办成，可我该跑的跑了，该请的请了，你不能让我为你掏腰包吧？"言下之意，钱是不还了。

　　从此以后，小方的话再也没人信了，以至于人们在闲暇聊天时，只要小方往人群里一站，大伙好像有一种默契似的，始而缄默不语，继而纷纷散去。

　　既然许下诺言，无论刀山火海都不能反悔——你不能言而无信。所以有些犹豫时干脆不要轻易向人承诺——不轻易向人许诺你可能办不到的事——这是不失信于人的最好方法。

　　要获得守信的形象并不容易。最要紧的一条是：别答应你无法兑现的事。这不仅是一个主观上愿不愿意守信的问题，也是一个有无能力兑现的问题。一个人经常答应自己无力完成的事，当然会使别人一次又一次失望了。

## 5.你曾失去过你的责任感吗？

社会学家戴维斯说："放弃了自己对社会的责任，就意味着放弃了自己在这个社会中更好生存的机会。"

有责任感是一种生存的法则。无论对于人类还是对于动物界，这都是一条不变的法则。

我们在工作和生活中常常发现，那些能够勇于承担责任的人，往往能够赢得老板的赏识，能被赋予更多的使命，也有资格获得更大的荣誉。一个缺乏责任感的人，或者一个不负责任的人，首先失去的是社会对自己的基本认可，其次失去了别人对自己的信任与尊重，甚至也失去了为人的立身之本——信誉和尊严。

有这样的一个故事：

动物园里有三只狼，是一家三口。这三只狼一直是由动物园饲养的。为了恢复狼的野性，动物园决定将它们送到森林里，任其自然生长。首先被放回的是那只身体强壮的狼父亲，动物园的管理员认为，它的生存能力应该比其他两只强一些。

过了些日子，动物园的管理员发现，狼父亲经常徘徊在动物园的附近，而且看起来很饿，无精打采。但是，动物园并没有收留它，而是将幼狼放了出去。

幼狼被放出去之后，动物园的管理者发现，狼父亲很少回来了。偶尔带着幼狼回来几次，它的身体好像比以前强壮多了，幼狼也没有挨饿的样子。看来，公狼把幼狼照顾得很好，而且自己过得也很好。为了照顾幼狼，狼父亲必须得捕到食物，否则，幼狼就会挨饿。管理员决定把剩下的那只母狼也放出去。

这只母狼被放出去之后，这三只狼再也没有回来过。动物园的管理员想，这一家三口看来是在森林里生活得不错。后来，管理员解释了这三只狼为什么能重返大自然生活。

"公狼有照顾幼狼的责任，尽管这是一种本能，正是这种责任让它俩生活得好了一些。母狼被放出去后，公狼和母狼有共同照顾幼狼的责任，而且公狼和母狼还需要互相照顾。因为这三只狼互相照顾，它们最终顺利重回自然，重新开始了生活。"

由此可见，有责任感是生存的基础，无论是对动物还是对人而言。

著名管理大师德鲁克认为，责任是一名高效能工作者的工作宣言。在这份工作宣言里，你首先表明的是你的工作态度：你要以高度的责任感对待你的工作，不懈怠你的工作，对于工作中出现的问题敢于承担。这是保证你的任务能够有效完成的基本条件。

可以说，没有做不好的事情，只有不负责的人。一个人责任感的高低，决定了他工作绩效的高低。当你的上司因为你的工作很差劲批评你的时候，你首先问问自己，是否为这份工作付出了很多，是不是一直以高度的责任感来对待这份工作？一个效率高的人是不会给自己的工作交一份白卷的。

责任感是我们在工作中战胜种种压力和困难的强大精神推动力，它使我们有勇气排除万难，甚至可以把不可能完成的任务完成得相当出色。一旦失去责任感，即使是做自己最擅长的工作，也会做得一塌糊涂。

一个拥有责任感的人，往往具备以下三个特征：

（1）他具有一种主动承担责任的精神。

（2）他会为他所承担的事情，付出心血、付出劳动、付出代价，他会为达到一个尽善尽美的目标付出自己的全部努力。

（3）他做事情善始善终。

有责任感意味着承担，意味着付出代价。当事情出现危机，而仍然不放弃责任的人，才是真正拥有责任感的人；当情况于己不利，自己有可能付出代价时，仍能勇于将事情进行到底的人，是真正有责任感的人。

# 6.有没有成绩，做人都不能骄傲

骄傲使我们谴责那些我们曾经有过的缺点，同时使我们蔑视那些我们自己不具备的好品格。它也很容易激起我们的嫉妒之心，我们应当以正确的方法节制它。

人们总是不会缺乏骄傲的理由，一件新衣服，一种新发型，都能引起他们的骄傲之情。

相传南宋时江西有一名士傲慢至极，谁都看不起。一次他提出要与大诗人杨万里会一会。杨万里谦和地表示欢迎，并提出希望这位名士带一点江西的名产配盐幽菽来。名士见到杨万里后开口就说："请先生原谅，我读书人实在不知配盐幽菽是什么乡间之物，无法带来。"杨万里则不慌不忙从书架上拿下一本《韵略》，翻开当中一页递给名士，只见书上写着"豉，配盐幽菽也。"

原来杨万里让他带来的就是家庭日常食用的豆豉啊！此时名士面红耳赤，自知读书太少，后悔自己之前为人太傲慢了。

这个故事告诉我们一个道理：有没有成绩做人都不能骄傲。骄傲对所有的人都是公平的，它让所有人都分享到它的"恩泽"，只是每个人用不同的表现方式和手段来表现它罢了。

我们常常批评别人太过骄傲，但是却看不到自己同样的品性，如果你自己没有骄傲之心，就不会觉得别人的骄傲是种冒犯。

曾经有一个学者，学富五车，精通各种知识，所以自认为无人可以和自己相比，很是骄傲。他听说有个禅师才学渊博，非常厉害，很多人都在他面前称赞那个禅师，学者很不服气，打算找禅师一比高下。学者来到禅师所在的寺院，要求面见禅师，并对禅师说："我是来求教的。"

禅师打量了学者片刻，将他请进自己的禅堂，然后亲自为学者倒茶。学者眼看着茶杯已经满了，但禅师还在不停地倒水，水满出来，流得到处都是。

"禅师，茶杯已经满了。"

"是啊，是满了。"禅师放下茶壶说，"就是因为它满了，所以才什么都倒不进去。你的心就是这样，它已经被骄傲占满了，你向我求教能听得进去什么呢？"

19世纪的法国名画家贝罗尼到瑞士去度假，但他并不是单纯地四处游玩，而是每天背着画架到瑞士各地去写生。

有一天，贝罗尼正在日内瓦湖边用心画画的时候，三位英国女游客走过来，站在他身边看他画画，还在一旁指手画脚地批评，一个说这儿不好，一个说那儿不对，贝罗尼没有反驳，都一一修改过来，末了还跟她们说了声"谢谢"。

第二天，贝罗尼有事到另一个地方去，在车站又遇到昨天那三位妇女，她们不知正交头接耳讨论些什么。那三位英国女游客看到他，便朝他走过来，向他打听："先生，我们听说大画家贝罗尼正在这儿度假，所以特地来拜访他。请问你知不知道他现在在什么地方？"贝罗尼朝她们微微弯腰致意，回答说："不好意思，我就是贝罗尼。"三位英国妇女大吃一惊，又想起昨天不礼貌的行为，都不好意思地笑了。

骄傲有很多害处，最危险的就是让人变得盲目，变得无知。骄傲会培育并增长盲目，让我们看不到眼前一直向前延伸的道路，让我们觉得自己已经到达山峰的顶点，再也没有爬升的余地，而实际上我们可能正在山脚徘徊。

## 7.低调很累？但是高调会死得很惨

老子曾经说过："良贾深藏若虚，君子盛德容貌若愚。"即善于做生意的人，总是隐藏其宝货，不叫人轻易看见；君子之人，品德高尚，容貌却显得愚笨拙劣。因此告诫世人，"花要半开，人要半醉"。有才华是好事，但不能作为炫耀的资本。

我们知道，凡是鲜花盛开、娇艳的时候，就会立即被人采摘而去，也就是衰败的开始。我们也知道，在武术中有一高难度拳术，即"醉拳"。"醉拳"的厉害，在于一个"装醉"，表面上看来跌跌撞撞，踉踉跄跄，不堪一击，而其实"形醉而神不醉"，醉醺醺之中暗藏杀机；对手麻痹大意之时，就是被打倒之时。正因如此，俗谚有"花要半开，酒要半醉"之说。

如果你才华横溢、聪明绝顶，这自然是好事，但同时也要懂得内敛，学会装醉，不然，当你志得意满，目空一切的时候，别人会把你当成枪靶子、眼中钉。

春秋时期，郑庄公准备伐许。战前，他先在国都组织比赛，挑选先行官。众将一听露脸立功的机会来了，都跃跃欲试，准备一显身手。

第一项目击剑格斗。众将都使出浑身解数，只见短剑飞舞，盾牌晃动，斗来冲去。经过轮番比试，选出了6个人来，参加下一轮比赛。

第二个项目是比箭，取胜的6名将领各射3箭，以射中靶心者为胜。有的射中靶边，有的射中靶心。第5位上来射箭的是公孙子都。他武艺高强，年轻气盛，向来不把别人放在眼里。只见他搭弓上箭，3箭连中靶心。他昂着头，瞟了最后那位射手一眼，退下去了。

最后那位射手是个老人，胡子有点花白，他叫颍考叔，曾劝庄公与母亲和解，庄公很看重他。颍考叔上前，不慌不忙，三箭射击，也连中靶心，与公孙子都射了个平手。

只剩下两个人了，庄公派人拉出一辆战车来，说："你们二人站在百步开外，同时来抢这部战车。谁抢到手，谁就是先行官。"公孙子都轻蔑地看了一眼对手，哪知跑了一半时，公孙子都却脚下一滑，跌了个跟头。等爬起来时，颍考叔已抢车在手。公孙子都哪里服气，提了长戈就来夺车。颍考叔一看，驾起车飞步跑去，庄公忙派人阻止，宣布颍考叔为先行官。

公孙子都因此怀恨在心。后来颍考叔不负庄公之望，在进攻许国都城时，手举大旗率先从云梯上冲上许都城头。眼见颍考叔大功告成，公孙子都嫉妒得心里发疼，竟抽出箭来，搭弓瞄准了城头上的颍考叔，颍考叔一下就被射死了，从城头栽下来。

颍考叔的死是因为他不知道锋芒毕露会招来嫉妒。当今社会，我们更要明白这个道理。你不锋芒毕露，可能永远得不到重任；你锋芒太露却又易招人陷害。锋芒太露的人虽容易取得暂时成功，却为自己掘好了坟墓。当你施展才华时，不经意就埋下了危机的种子。也就是说，有时候才华不宜显，聪明也要内敛。

在古代，锋芒太露而惹祸上身的典型就是为人臣者功高震主。打江山时，各路英雄汇聚在一面旗下，锋芒毕露，一个比一个有能耐。主子当然需要借这些人的才能实现自己称霸天下的野心。但天下一定，这些虎将功臣的才华不会随之消失，这时他们的才能成了皇帝的心病，让他感到威胁，于是就发生开国功臣被杀之事，所谓"卸磨杀驴"是也。韩信被杀，明太祖火烧庆功楼，无不如此。

读过《三国演义》的人可能都注意到了，刘备死后，诸葛亮其实没有什么大的作为，他不像刘备在世时那样运筹帷幄、锋芒毕露了。在刘备这样的明君手下，诸葛亮是不用担心受猜忌的，并且刘备也离不开他，因此他可以尽情发挥自己的才华，辅佐刘备，守护好这三分之一的天下。刘备死后，阿斗继位。刘备当着群臣的面说："如果这小子值得辅佐，就好好辅佐他；如果他不是当君主的材料，你就自立为君算了。"诸葛亮顿时冒了虚汗，手足无措，哭着跪拜于地说："臣怎么能不竭尽全力，尽忠贞之节，一直到死而不松懈呢？"说完，叩头流血。刘备再仁义，也不至于把国家让给诸葛亮，他嘴里虽说着让诸葛亮为君，怎么就知道没有杀他的心思呢？因此，诸葛亮一方面行事谨慎，鞠躬尽瘁，一方面则常年征战在外，以防授人"挟天子"的把柄。而且他锋芒大有收敛，故意显示自己老而无用，以免祸及自身。这是韬光养晦之计，是收敛锋芒的智慧。

作为一个人，尤其是作为一个有才华的人，要做到不露锋芒，既有效地保护自我，又充分发挥自己的才华，不仅要说服、战胜盲目骄傲自大的病态心理，凡事不要太张狂太咄咄逼人，更要养成谦虚让人的美德。不要把自己看得太了不起，更不要稍有成就便得意忘形，以为自己绝顶聪明。殊不知树敌太多，凡事必受他人阻挠，到时候吃亏的还是自己。

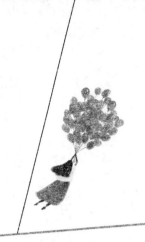

# 第九章

在最能拼搏的年纪，
你怎么好意思甘心平庸

# 1.勤奋这所学校，你毕业了吗？

著名数学家华罗庚说过："勤能补拙是良训，一分辛苦一分才。"通往成功的路虽然有很多条，但每条路上都会遇到相同的困难：曲折和坎坷。不管智商多高的人，也只有"勤奋"这一条路径，"勤奋是金"，是获得成功的不二法门。

随着社会的发展，越来越多的人开始喧嚣和浮躁起来。期望不付出任何代价就能获得成功，有这种投机取巧想法的人显然无法实现自己的心愿，因为如果没有勤奋作为基础，成功只能是纸上谈兵。

很久以前，有一个叫汉克的年轻人，一心想要成为一个百万富翁。他觉得成为百万富翁的捷径，便是学会炼金之术。

因此，他把自己所有的时间、金钱和精力都花在寻找炼金术这件事情上。很快，他就花光了自己的全部积蓄，家中也因此变得一贫如洗，连饭都没得吃了。妻子无奈，只好跑到父亲那里诉苦。她父亲决定帮助女婿改掉恶习。

于是他叫来汉克并对他说："我已经掌握了炼金之术，只是现在还缺少一样炼金的东西……"

"快告诉我还缺少什么？"汉克急切地问道。

"好吧，我可以让你知道这个秘密，我需要三公斤香蕉叶的白色绒毛。这些绒毛必须是你自己种的香蕉树上的。等到收齐后，我便告诉你炼金的方法。汉克回到家后立刻将荒废多年的田地种上了香蕉。为了尽快凑齐绒毛，他除了种以前就有的自家的田地外，还开垦了大量的荒地。当香蕉成熟后，他便小心地从每张香蕉叶上刮收白绒毛。他的妻子则把一串串香蕉拿到市场上去卖。就这样，10年过去了，汉克终于收齐了三公斤绒毛。这天，他一脸兴奋地拿着绒毛来到岳父的家里向岳父讨要炼金之术。

岳父指着院中一间房子说："现在你把那边的房门打开看看。"

汉克打开了那扇门，被满屋金光晃了眼睛，定睛一看，竟全是黄金，他的妻子正站在屋中。妻子告诉他这些金子都是他这10年里所种的香蕉换来的。面对满屋实实在在的黄金，汉克恍然大悟。

这个道理和滴水穿石的道理是一样的。我们经常在屋檐下的石阶上看见一行小坑，这些小坑不是人为凿出来的，而是屋檐上的水滴下来，总是滴落在同一个地方，如此长年累月敲打形成的。这种现象在心理学上称为"滴水效应"，意思就是，只要一心一意地做事，持之以恒而不半途而废，就一定能够达成我们的愿望，走向成功。

成功没有秘诀，也没有捷径，只要我们脚踏实地，靠自己的双手辛勤劳动，成功就一定会到来。

　　萨默·雷石东小的时候在拼写方面表现出过人的天赋——别人随口说出一个单词，他都可以拼写出来，母亲为此很欣喜，并安排他参加全国拼词大赛。雷石东没有辜负母亲的一番苦心，一路拼写着那些复杂而生僻的单词过关斩将杀至决赛。

　　在决赛前夕，雷石东想自己一定可以夺得美国最优秀的单词拼写者的奖牌，他甚至开始想象自己站在考官和一大群欢呼的观众面前的情景。然而，到考试那天，考官让他拼写Tuberculosis（肺结核）这个词，他头脑一热，脱口而出"t—u—b—e—r—c—u—s—i—s"。他漏掉了一个音节。正是这一个小小的失误，使他最终被淘汰出局。

　　母亲伤心欲绝，她没有办法接受儿子失败的现实，梦想破灭的绝望深深地刻在她脸上，泪水夺眶而出。这幕情景也深深烙在雷石东的脑海里，从这时开始，懵懂的他暗暗下决心，一定要好好努力，争取以后不再让母亲失望。

　　从此，学习几乎成了他的全部生活。每天早上，自打从床上爬起来的那一刻开始，他就像进入了激烈的战场，除了学习，他几乎再没有其他的活动。正所谓"天道酬勤"，在波士顿拉丁学校毕业典礼上，雷石东以该校300年来最高的平均分毕业，被授予现代拉丁文奖、古典拉丁文奖和本杰明·富兰克林奖，并且获得了前往哈佛大学深造的奖学金。从哈佛毕业后，雷石东依然时刻不忘奋发进取。50年间，雷石东从一个机车影院的老板，成为一个年收入达246亿美元的传媒帝国的领袖。

　　曾有记者问李嘉诚的成功秘诀。李嘉诚没有直接回答他，而是讲了这样一个故事：

　　日本"推销之神"原一平在一次演讲会上，当有人问他的成功秘诀时，他当场脱掉鞋袜，将提问者请上台，说："如果你愿意的话，不妨摸摸我的脚板。"

　　提问者摸了摸，十分惊讶地说："您脚底的老茧好厚呀！"原一平说："是啊，这就是我成功的秘诀——走的路比别人多，跑得比别人勤。"

　　讲完故事，李嘉诚微笑着说："我没有资格让你来摸我的脚板，但可以告诉你，我脚底的老茧也很厚。"

　　不仅李嘉诚，任何一个人，他的成功都不可能完全抛开"勤奋"二字，任何一种杰出的成就必然与懒惰者无缘。有人曾这样说：世界上能登上金字塔的生物有两种：一种是鹰，一种是蜗牛。前者从小经过勤奋的练习，掌握了飞翔的技能；而后者，在外形和能力上都与前者有着天壤之别，却能够达到同样的成就，秘诀只有两个字：勤奋。

　　虽然不是每个人都拥有异于常人的智能和技能，但是，每个人都可以做到勤奋的。拥有了勤奋，你就拥有了一生的财富。即使是一个智力一般的人，只要勤奋努力，也能弥补自身的缺陷，成为一名成功者。《射雕英雄传》里的郭靖就是一个很典型的例子，先天愚笨的他，凭借勤奋最终在华山论剑中获胜。可能有人说他凭借的是运气，但是在他还没有离开大漠的时候，他射箭的精准几乎没有人能够比得上，而这种精准完全来自于他的勤奋训练的结果，与运气没有任何关系。

勤奋刻苦是一所高贵的学校，所有想成功的人都必须进入其中，在那里人们可以获得有用的知识、独立的精神和坚忍不拔的品质。

## 2.一毕业才知，一世你也要学习

如果一个人不能持续地学习，就会被社会淘汰。只有随时随地地补充能量，拥有一种积极的学习心态才能够充满自信。

在这个变化越来越快的现代社会，每个人现有的知识和技能很容易过时，只有不断地学习，才不会被淘汰。德国设计中心主席彼得·扎克说："在人生的这场游戏中，你要拥有生活和学习的热情，吸收能够使自己继续成长的东西来充实你的头脑。"

这是美国东部一所规模很大的大学毕业考试的最后一天。在一座教学楼前的阶梯上，有一群机械系大四学生挤在一起，正在讨论几分钟后就要开始的考试。他们的脸上显示出非凡的自信。这是最后一场考试，接着就是毕业典礼和开始职场生涯了。

有几个人说他们已经找到工作了。其他的人则在讨论他们想得到的工作。怀着对四年大学教育的肯定,他们觉得心理上早有准备,能征服外面的世界。

对即将进行的考试他们觉得只是很简单的过场。教授说他们可带需要的教科书、参考书和笔记,只是考试时他们不能彼此交头接耳。

他们喜气洋洋地鱼贯走进教室。教授把考卷发下去,学生都眉开眼笑,因为学生们注意到只有五个论述题。

三个小时过去了,教授开始收集考卷。学生们似乎不再有信心,他们脸上有可怕的表情,没有一个人说话。教授手里拿着考卷,面对着全班学生。教授端详着面前学生们担忧的脸,问道:"有几个人把五个问题全答完了?"

没有人举手。

"有几个答完了四个?"

仍旧没有人举手。

"三个?两个?"

学生在座位上不安起来。

"那么一个呢?一定有人做完了一个吧?"

全班学生仍保持沉默。

教授放下手中的考卷说:"这正是我预想到的情况。我这么做是要加深你们的印象,即使你们已完成四年工程教育,但仍旧有许多有关工程的问题你们不知道。这些你们不能回答的问题,在日常操作中是非常普遍的。"

于是教授带着微笑说下去："这个科目你们都会及格，但要记住，虽然你们是大学毕业生，你们的学习才刚开始。"

只有不断学习的人，才不会被社会淘汰，也只有随时随地对生活抱着一种学习心态的人，才能超越年龄上的障碍，战胜生理上的老化，使心态保持年轻，让自己充满活力。

现代社会是不断变化的，在充满竞争的职场上，学习能力将会成为成就一个人的重要条件。学无止境，向身边的人学习，更是一个人终身的职责。

麦克和约翰是同一所医学院的学生，毕业时，麦克选择了一家大型公立医院，约翰则选择了一家社区医院。他们为自己的选择做出了充分的解释。麦克说："公立医院专家教授多，接触的病人也多，在那里一定能得到很大的锻炼，有所成就。"约翰说："公立医院人才济济，我们只不过是普通医学院的毕业生，去了还不是做些跑腿、打杂的工作，能有什么发展前途？社区医院福利待遇也不低，而且很看重我们这些刚毕业的学生，在那里才有前途。"

10年过去了，麦克成为州内专家，约翰到州府进修，正是跟随麦克学习！昔日同学，今朝师徒，令人尴尬。麦克请约翰出去吃饭，两人边吃边聊，约翰不解地问："当年公立医院分去那么多学生，都是非常优异的人才，你成绩并不突出，究竟怎么取得今天成绩的？"

麦克想了想，拿起身边的茶水洒到桌子上说："同样是一杯水,洒到桌子上很快就干了,而盛在杯子里就永远留有机会。我来到公立医院,一开始,确实像你说的,不受人重视,天天跟着专家教授做做记录,查查房。有些一起来的学生觉得做这些事没有用处,开始敷衍了事,可我不这样想,我认为天天跟专家教授在一起,即便再笨,耳濡目染也会受到影响,有进步。就这样,一天天,一年年过去了,我就取得了今天的成绩。"

约翰仔细听着,他若有所失地说:"说得好,你从与你竞争的对手身上看到了成功的道路,学到了成功的秘笈啊。当年,你做出正确选择,工作之后,你从那些懒惰人身上看到了失败的影子,学习到了工作的方法,这比学习专业知识还要重要。而我,喜欢安逸的生活,惧怕竞争,更不懂得随时随地向他人学习,学习他人的优点,总结他人的弱点。说到底,这都是因为我不会学习啊。"

麦克听了,笑着说:"竞争不会结束,我们可以开始新一轮比赛。"

此后,约翰努力向麦克学习,包括医学知识,也包括不懈追求、勇于向竞争对手学习的精神,经过多年努力,他也成为当地有名的医生。

在充满竞争的环境里,学习是没有止境的,如果你不能及时学习,把握良机,就会被社会淘汰。

瓦尔特·司科特爵士曾经说:"每个人所受教育的精华部分,就是他自己教给自己的东西。"由此可知,学习带给我们的财富是无法估量的。尤其是在当今这个时代，新技术、新产品和新服务项目层出不穷，工作对人的要求随着技术的进步也在不断地产生变化。标准的提高，拉大了技术发展的要求与人们实际的工作能力之间的差距。于是，出现了这样一种奇怪的现象：一方面失业人口持续上升，另一方面各种人才越来越少。随着知识经济时代的到来，企业对员工不再只有数量的需求，对其质量有了更高的要求。

所以，只有抱着不断学习的心态的人，才能够永远保持积极乐观的态度，永远走在时代的前端，尽全力去符合社会的需要。

# 3.急于求成，只会适得其反

渴望成功的心态谁都能理解，但是你要明白，成就一番事业并不容易，不要一开始就盯着成功不放，做事若急于求成，就会像饥饿的人乍看到食物，狼吞虎咽地吞食，反而会引起消化不良。

虚尘禅师以佛法度众，为人谦厚，深得民众拥戴，他每每开坛讲法，都听者众多。

有一天，一位小商人向虚尘禅师发火："我听了你的弘法后，诚信经营，薄利多销，顾客在逐渐增多，但为什么我的收入还是不能增加呢?"

禅师不急不躁，他微笑着对这位商人说："有一颗苹果树，它接受了阳光、雨露、养料，春天花开，夏天结果，秋天成熟。成熟的时候，并非所有的苹果都会同时成熟。有些苹果早已熟透了，而有的苹果依旧青青待熟，并非它不会成熟，只是时间还没有到而已。"

商人醒悟过来，他明白要想有大成就要慢慢积累。向禅师道歉后，他离开了寺院。

一年后，虚尘禅师收到这位商人丰厚的香火钱。他在信中说自己的生意红红火火，以致没有时间亲自到寺院致谢，只好托人送礼以表谢意。

太想赢的人，最后往往很难赢。太想成功的人，往往很难成功，太想到达目标的人，往往不容易到达目标，过于注意就是盲，欲速则往往不达，凡事不可急于求成。

相反，以淡定的心态对之、处之、行之，以坚持恒久的姿态努力攀登，努力进取，成功的概率却会大大增加。

在山中的庙里，有一个小和尚被派去买菜油。出发之前，庙里的厨师交给他一个大碗，并严厉地警告他："你一定要小心，最近我们财务状况不是很理想，你绝对不可以把油洒出来。"

　　小和尚下山买完油，在回寺庙的路上，他想到了厨师凶恶的表情及郑重的告诫，心里紧张极了，于是想早点回到庙里去，不觉加快了脚步。然而天不遂人愿，因为他没有仔细看路，结果快到庙门口的时候，踩到了一个洞。虽然没有摔跤，碗里的油却洒掉了三分之一。小和尚懊恼至极，紧张得手都开始发抖，以至于无法把碗端稳。等到回到庙里时，碗中的油就只剩下一半了。

　　厨师非常生气，指着小和尚骂道："你这个笨蛋！我不是说要小心吗？为什么还是浪费这么多油？真是气死我了！"小和尚听了很难过，开始掉眼泪。这时，一位老和尚走过来对小和尚说："我再派你去买一次油。这次我要你在回来的途中，多看看沿途的风景，回来后把你看到的美景描述给我听。"小和尚很是不安，因为自己非常小心都还端不好，要是边看风景边走，更不可能完成任务了。不过在老和尚的坚持下，他勉强上路了。

　　在这次回来的途中，小和尚听从老和尚的意见，观察起沿途的风景，这时，他惊奇地发现山路上的风景如此美丽：远处是雄伟的山峰，山腰上有农夫在梯田上耕种，一群小孩子在路边快乐地玩，鸟儿轻唱，轻风拂面……

　　在美景的陪伴中，小和尚不知不觉就回到庙里了。当小和尚把油交给厨师时，他发现碗里的油还装得满满的，一点都没有损失。

　　急于求成的结果，只能是适得其反，最后功败垂成。《摁苗助长》的故事中，农夫急功近利，反而适得其反，使他的苗全部死了，落得一个笑话。许多事业都必须有一个痛苦挣扎、奋斗的过程，正是这个过程将你锻炼得无比坚强并成熟起来。朱熹说："宁详毋略，宁近毋远，宁下毋高，宁拙毋巧。"这句话对"欲速则不达"做了最好的诠释。

# 4.小事不一定就真的小，大事不一定就真的大

人，能一心一意地做事，世间就没有做不好的事。这里所讲的事，有大事，也有小事，所谓大事小事，只是相对而言。很多时候，小事不一定就真的小，大事不一定就真的大，关键在做事者的认知能力。那些一心想做大事的人，常常对小事嗤之以鼻，不屑一顾。连小事都做不好的人，大事是很难成功的。

有位智者曾说过这样一段话，他说："不会做小事的人，很难相信他会做成什么大事。做大事的成就感和自信心是由小事的成就感积累起来的。可惜的是，我们平时往往忽视了它，让那些小事擦肩而过。"

勿以善小而不为，勿以恶小而为之。"小事正可于细微处见精神。有做小事的精神，就能产生做大事的气魄"。不要小

看做小事，不要讨厌做小事。只要有益于工作，有益于事业，人人都应从小事做起，用小事堆砌起来的事业大厦才是坚固的，用小事堆砌起来的工作长城才是牢靠的。

有位女大学生，毕业后到一家公司上班，只被安排做一些非常琐碎而单调的工作，比如早上打扫卫生，中午预订盒饭。一段时间后，女大学生便辞职不干了。她认为，她不应该蜷缩在"厨房"这样的小地方，而应该上更大的"厅堂"发挥作用。

可是古语有云：一屋不扫，何以扫天下？一个普通的职员，即使有很好的见解，因此被重用，也要受很长时间的煎熬，最重要的是要努力做出能让别人倾听到自己意见的资格和成绩。在别人眼里，你举足轻重，才不会被人忽视。

因此，从小事做起的工作，年轻时就应努力去做好。

曾有一位人事部经理感叹道："每次招聘员工，总会碰到这样的情形：大学本科生与大专生、中专生相比，我们也认为本科生的素质一般比后者高。可是，有的本科生自诩为天之骄子，到了公司就想唱主角，强调待遇。别说挑大梁，真正找件具体工作让他独立完成，他都拖泥带水，漏洞百出。本事不大，心却不小，如此还瞧不起别人。大事做不来，安排他做小事，他又觉得委屈，埋怨你埋没了他这个人才，不肯放下架子干。我们招人来是工作、做事的；不成事，要本科生的牌子干吗？所以有时候我会偏激地想，本科生、大专生、中专生相比较而言，还是大专生、中专生更实际、更有用。"

现在，社会上有的企业急需人才，而有的大学本科生却被拒之于门外，不受欢迎、不被接纳；对此现象，该人事部经理算是道出了一些缘由。

人生价值真正的伟大在于平凡，真正的崇高在于普通，最平凡、最普通也是最伟大、最崇高的。从普通中显示特殊，从平凡中显示伟大，这才是做人做事之道。

小事，一般人都不愿意做。但成功者与碌碌无为者的区别之一，就是他愿意做别人不愿意做的事情。一般人都不愿意付出这样的努力，可是成功者愿意，因此他获得了成功。

每一件别人不愿意做的小事，你都愿意多做一点，你的成功率一定会不断提高。

同事不愿做的事情，你愿意去做；别人不想做的事，你愿意去做。只要你能做别人不愿意做的事情，只要你能做别人不想做的事情，你一定会离成功更近一步。

因此，做事不可以被大小限制，被时间限制，被空间限制。人生三不朽，曰立德、立功、立言。因而，需要具有超越自我、超越时空的观念，跳出大大小小的圈子，成就最普通而又最特殊，最平凡而又最高尚，最渺小而又最伟大的事业。


一个矿泉水瓶盖有几个齿？

固然我们经常喝矿泉水，但你不会在意，刚刚拧开的那瓶矿泉水，瓶盖上会有几个齿。假如我拿这个题目考你，你一定会嗤之以鼻，因为这个题目太无厘头了。

一家电视台做了一期人物访谈，嘉宾是宗庆后。知道宗庆后的人可能不多，但几乎没有人没喝过他的产品——娃哈哈。这个42岁才开始创业的杭州人，曾经做过15年的农场农民，栽过秧、晒过盐、采过茶、烧过砖、蹬着三轮车卖过冰棒……在短短20年时间里，他创造了一个商业奇迹，将一个连他在内只有三名员工的校办企业，打造成了中国饮料业的巨无霸。

关于他的创业，关于娃哈哈团队，关于民族品牌铸造……在问了若干个大家感兴趣的题目后，主持人忽然从身后拿出了一瓶普通的娃哈哈矿泉水，考了宗庆后三个题目。

第一个题目："这瓶娃哈哈矿泉水的瓶口，有几圈螺纹？"

四圈。宗庆后想都没想，回答道。主持人数了数，果然是四圈。

第二个题目："矿泉水的瓶身，有几道螺纹？"

八道。宗庆后还是不假思考地一口答出。主持人数了数，只有六道啊。宗庆后笑着告诉她，上面还有两道。

两个题目都没有难倒宗庆后，主持人不甘心。她拧开矿泉水瓶，看着手中的瓶盖，沉吟了片刻，提了第三个题目："你能告诉我们，这个瓶盖上有几个齿吗？"

观众都诧异地看着主持人，不知道她葫芦里卖的是什么药。很多人赶到电视录制现场，就是为了一睹传奇人物的风采，有的人还预备了很多题目，向宗庆后现场讨教呢。可是，主持人竟将宝贵的时间，拿来问这样一个无聊题目。

宗庆后微笑地看着主持人，说，"你观察得很仔细，题目很习钻。我告诉你，一个普通的矿泉水瓶盖上，一般有18

个齿。"

主持人不相信地瞪大了眼睛，"这个你也知道？我来数数。"主持人数了一遍，真是18个。又数了一遍，还是18个。

主持人站起来，做最后的节目总结："关于财富的神话，总是让人充满好奇。一个拥有170多亿元身家的企业家，治理着几十家公司和两万多人的团队，开发生产了几十个品种的饮料产品，需要逐日决断处理的事务何其繁杂？可是，他连他的矿泉水瓶盖上有几个齿，都了如指掌。也许我们可以从中看到，他是如何一步一步走向成功的。"

人们恍然大悟，场上响起热烈的掌声。


不因小而失大，不因少而失多。抛弃大小的竞争，抛弃高下的念头，抛弃富贵的欲望，而一心一意从小事做起，就是洗厕所、扫大街，也要比别人清理得更干净。

越是那种埋怨自己工作价值渺小的人，真正给他们一份棘手的工作时，他们越是退缩而不敢接受。具有十成力量的人，去做仅仅需要一成力量的工作，其中有生命的意义和悠闲的心情。在长远的人生中，这种生命的意义和悠闲的心情对于人格的形成与扩展，有决定性的帮助。

许多白手起家而事业有成的人，在小学徒或小职员时代就能以最高的热忱和耐心去面对上司给予他们的小工作，这是非常值得反思的事实。我们不可能用数量来衡量工作重要性的大小，"大往往在小之中"。

## 5.荣辱皆不惊，得失不计较

不以物喜，不以己悲，是一种有大智慧的境界。

塞翁失马焉知非福，有时候将得失看得太重，就会失去平常心，这样反而不美了！

前秦氏族人苻朗所撰《苻子》记载：传说夏王太康时，东夷族的首领名叫后羿（并非尧帝时射日之后羿），也是一位百步穿杨的神射手。夏王听闻后，非常欣赏他的本领，于是便派人招他入宫来给自己表演。

夏王带他到御花园里找了个开阔地带，叫人拿来了一块一尺见方、靶心直径大约一寸的兽皮箭靶，用手指着说："今天请先生来，是想请你展示一下精湛的本领，这个箭靶就是你的目标。为了使这次表演不至于因为没有竞争而沉闷乏味，我来给你定个赏罚规则：如果射中了的话，我就赏赐给你黄金万两；如果射不中，那就要削减你一千户的封地。现在请先生开始吧。

后羿听后脸色不定，呼吸紧张局促，而后乃引弓射箭，没想到竟然没有射中。如此，后羿变得更加急躁了，他再次弯弓搭箭，但结果却射得更偏。

夏王对大臣傅弥仁说："这个后羿，射箭是百发百中的；

但对他赏罚,反而就不中靶心了,这是何故呢?"傅弥仁说:"高兴和恐惧成为了他的灾难,万两黄金成为了他的祸患。人们若能抛弃他们的高兴和恐惧,舍去他们的万两黄金,那么普天之下的人们都不会比后羿的本领差了。"

后羿因为失去了平常心,所以没有得到他应该得到的,反而失去了他不该失去的东西!

天下熙熙皆为利来,天下攘攘皆为利往,人活在世上,无论贫富贵贱,都不免要和名利打交道。

乾隆下江南时游历金山寺,看到山脚下大江东去,百舸争流,于是便问高僧:"你在这里住了几十年,可知道每天来来往往多少船?"高僧答:"我只看到两只船。一只为名,一只为利。"这真是一语道破天机。

得失随意,宠辱不惊!平常心,虽然只是简单的三个字,但却是人们常常难以跨越的一道鸿沟。六祖慧能曾说:"本来无一物,何处惹尘埃。"这种超脱凡俗、超越自我的境界,正是来自对平常心的深刻体悟。

用平常之心,看待不平常之事,则事事平常。在现实当中,许多人往往缺乏平常心,将名利作为追求的目标,以金钱和权利作为人生幸福的标准。为欲所惑,贪图享乐,最终陷入欲望的泥沼而无法自拔。

世人很难做到一心一用,他们穿梭在利害得失之中,被世间浮华宠辱迷惑。他们在生命的表层停留不前,因此而迷失了自己,丧失了"平常心"。要知道,只有将心灵融入世界,用心去感受生命，才能找到生命的真谛。

人们的欲望总是无止境的，总是期望得到更多，我们还未成佛，所以我们做不到功名利禄一切随他去，也无法成为真正的自在人，重要的是，你是否能一直坚守自己的本心不失？

拥有平静的心态，才能使人看穿迷茫而清醒地认识自我，寻找到内心的宁静与安详。困惑与挫折，失落与忧虑，烦躁与不安，这些都只是人生中的小插曲。唯有平静的心能带给我们安宁和乐趣，保持平常心才是人生的真谛。对于每个人来说，平静的心态都是非常重要的。平静是对人生、对社会呈现的一种境界，也是一种不可或缺的修身哲学。

唐代著名禅师慧宗酷爱兰花，因而在平日弘法讲经之余，花费了许多的时间栽种了数十盆兰花。一天，他又要去远行弘法讲经，便吩咐弟子看护好兰花。在这段时间，弟子们都很细心地照顾着兰花。不料，一天深夜，狂风大作，暴雨如注，偏偏当晚弟子们一时疏忽，将兰花遗忘在户外。第二天，弟子们望着倾倒的花架、破碎的花盆、憔悴的兰花，后悔至极。

几天后，慧宗禅师返回，众弟子忐忑不安地上前迎候，准备领受责骂和惩罚。谁知得知原委后，慧宗禅师泰然自若，神情依然是那样平静安详。他宽慰弟子们说："我种兰花，一是希望用来供佛，二也是为了美化寺庙环境，不是为了生气而种兰花的。"就这么一句平淡无奇的话语，令在场的弟子们肃然起敬，如醍醐灌顶，备受感动……

禅师之所以看得开，是因为他虽然喜欢兰花，但心中却无兰花这个挂碍。因此，兰花的得失，并不影响他心中的喜怒。既然事情已经发生了，生气也没用，何必还要用生气乱了心情，坏了情绪呢？内心平和的人，其秘诀在一个"静"字，"猝然临之而不惊，无故加之而不怒"，冷静处人，理智处事，身放闲处，心在静中。

心灵深处如果平静如水，无风无浪，那么，无论在哪里都有青草绿树生长。《菜根谭》指出："人心多从动处失真。若一念不生，澄然静坐；云兴而悠然共逝，鸟啼而欣然有会。何地非真境，何物无真机。"意思是，人心是因为容易浮动才失去了纯真的本性；如果一点杂念都不生，清静祥和地坐着，和飘过的云朵一起消逝在天边，从雀跃的鸟声中领会自然的奥妙，那么人间哪里不是仙境？何处不蕴含着自然的机趣呢？

我们选择不了生命，但我们可以选择生活的方式。在喧嚣中，独守一片平静；在繁华中，坚持一份简单。在闲暇时光，随意捧一本爱看的书，细细回味幽幽冥想，享受淡淡的恬静与优雅，安静地陶醉在书香气息里……

不为眼前功名利禄而费心劳神，荣辱皆不惊，得失不计较，心平如镜，宁静从容，我们就会活得轻松，活得充盈，活得有滋有味。

## 6.天赋这东西，和年纪无关，只和心态有关

相信很多人都有过这样的经历：在面对未知事物时心中略微会有一种不安、自卑，如果此时有人自愿、主动帮助你学习、理解这一未知事物，很可能你会保持高度集中的注意力以及极快接纳知识的速度，这种对未知事物的注意力以及极快的接纳速度就源于对知识的好奇。

心理学认为：好奇心是个体遇到新奇事物或处在新的外界条件下所产生的注意、操作、提问的心理倾向。它容易被外界刺激物的新异性唤醒。好奇心反映了个体的认知需求，不同的个体面对同样的认知信息，会产生不同水平的好奇心，它的强度与个体对相关信息的了解程度有关。

所以，我们需要对知识充满好奇，永远保持初学者的心态，即使你已被公认为大师、教授，面对知识的更新、出现，仍需要保有儿时的好奇心。

爱因斯坦说他之所以取得成功，原因在于他具有狂热的好奇心。美国学者希克森特·米哈伊在谈到好奇心的重要性时说："好奇心需要被保护，也许所有的孩子都有好奇心，但这种对事物的好奇是否能保持到成年甚至老年，很难说。"

在剑桥大学，维特根斯坦是大哲学家穆尔的学生，有一天，罗素问穆尔："谁是你最好的学生?"穆尔毫不犹豫地说："维特根斯坦。"

"为什么?"

"因为，在我的所有学生中，只有他一个人在听我的课时，老是露着迷茫的神色，老是有一大堆问题。"

罗素也是个大哲学家，后来维特根斯坦的名气超过了他。

有人问："罗素为什么落伍了?"维特根斯坦说："因为他没有问题了。"

德国著名化学家李比希把氯气通入海水中提取碘之后，发现剩余的母液中沉积着一层红棕色的液体。他虽然感到奇怪，但并未放在心上，武断地认为这不过是碘的化合物，只在瓶上贴张标签了事。直到以后一位法国科学家证实是新元素溴，李比希才恍然大悟。他因此称这个瓶子为"失误瓶"，用以告诫自己。

达尔文从小就爱幻想，他热爱大自然，尤其喜欢打猎、采集矿物和动植物标本。他的父母十分重视和爱护儿子的好奇心和想象力，总是千方百计地支持孩子的兴趣和爱好，鼓励他去努力探索，这为达尔文写出《物种起源》这一巨著打下了坚实的基础。

有一次小达尔文和妈妈到花园里给小树培土。妈妈说："泥土是个宝，小树有了泥土才能成长。别小看这泥土，是它长出了青草，喂肥了牛羊，我们才有奶喝，才有肉吃；是它长出了小麦和棉花，我们才有饭吃，才有衣穿。泥土太宝贵了。"

听到这些话，小达尔文疑惑地问："妈妈，那泥土能不能长出小狗来？"

"不能呀！"妈妈笑着说，"小狗是狗妈妈生的，不是泥土里长出来的。"

达尔文又问："我是妈妈生的，妈妈是姥姥生的，对吗？"

"对呀！所有的人都是各自的妈妈生的。"妈妈和蔼地回答他。

"那最早的妈妈又是谁生的？"达尔文接着问。

"是上帝！"妈妈说。

"那上帝是谁生的呢？"小达尔文打破砂锅问到底。妈妈答不上来了。她对达尔文说："孩子，世界上有好多事情对我们来说是个谜，你像小树一样快快长大吧，这些谜等待你去解呢！"

达尔文七八岁时，在同学中的人缘很不好，因为同学们认为他经常"说谎"。比如，他捡到了一块奇形怪状的石头，就会煞有介事地对同学们说："这是一枚宝石，可能价值连城。"同学们哄堂大笑，可是他却并不在意，继续对身边的东西发表类似的另类看法。还有一次，他向同学们保证说，他能够用一种"秘密液体"，制成各式各样颜色的西洋樱草和报春花。但是，他从来就没有做过这样的试验。久而久之，老师也觉得他很爱"说谎"，把他的问题反映到了达尔文的父亲那里。父亲听了，却不认为达尔文是在撒谎，而是在想象。

有一次，达尔文在泥地里捡到了一枚硬币，他神秘兮兮地拿给他的姐姐看，并一本正经地说："这是一枚古罗马硬币。"姐姐接过来一看，发现这分明是一枚十分普通的十八世纪的旧币，只是由于受潮生锈，显得有些古旧罢了。对达尔文的"说谎"，姐姐很是恼火，便把这件事告诉了父亲，希望父亲好好教训他一下，让他改掉令人讨厌的"说谎"习惯。可是父亲听了以后，并没有在意，他把儿女叫过来说："这怎么能算是撒谎呢？这正说明了他有丰富的想象力。说不定有一天他会把这种想象力用到事业上去呢！"

达尔文的父亲还把花园里的一间小棚子交给达尔文和他的哥哥，让他们自由地做化学试验，以便使孩子们的智力得到更好的发展。达尔文十岁时，父亲还让他跟着老师和同学到威尔士海岸去度过三周的假期。达尔文在那里大开眼界，观察和采集了大量海生动物的标本，由此激发了他采集动植物标本的爱好和兴趣。

没有好奇心，没有想象力，就没有今天的"进化论"。而达尔文的父母最成功之处就在于特别注意爱护儿子的想象力和好奇心。

因为大部分人随着年龄的增长，知识的增多，不再像儿时那样对周围环境感到新奇。小时候我们认为周围的一切很神秘，总会有些出乎意料的事物等待我们去观察、探索、询问或操作。然而随着时间的流逝，很多人不再对周围事物怀有探索、询问的心理倾向。

人只有对事物永远充满好奇，才能始终保持一种初学者的心态，如饥似渴地吮吸知识中的营养成分，进而获取极大的进步。

生活当中有许多值得我们留心的东西，一幢有特色的建筑、一个装饰漂亮的门面、一间布置典雅的咖啡厅、一本书的封面设计，这当中都有许多值得我们学习的东西，只要我们留心观察和思考，多少都会有所收获。

只要有心，人生处处皆是学问，书本并不是学到知识的唯一途径，有些学问，书本上根本就没有，我们若是死死地抓着书本，而与现实脱轨的话，那就真的要变成一个书呆子了。

老子说：人法地，地法天，天法道，道法自然。其实天地之间的一切都是有迹可循的，这一切的规律就是学问。

海边捕鱼的人，都知道什么时候潮起，什么时候潮落。有人观察格外细心，发现潮起潮落和月亮的圆缺，竟然有意想不到的"巧合"。经过不断探索，人们发现了一个秘密，原来"潮汐"竟然与天上的月亮有关。

英国物理学家牛顿看到苹果落地这一普通的现象，却产生了极大的兴趣，他努力钻研探索，最后解开了这个谜，发现了万有引力。英国大发明家瓦特看到壶水开沸顶起壶盖儿，暗自称奇，经过一番研究，他发明了蒸汽机。

只要我们能处处留心身边的知识，并能够把握住它，就能将它化为己用。

相传有一年，鲁班接受了一项建筑一座巨大宫殿的任务。这座宫殿需要很多木料，由于当时还没有锯子，大家都只好用斧头砍伐，但这样做效率自然非常低，远远不能满足工程的需要。为此，他决定亲自上山察看砍伐树木的情况。

上山的时候，由于不小心，他无意中抓了一把野草，手一下子被划破了。鲁班很奇怪，一根小草为什么这样锋利？于是他摘下了一片叶子细心观察，发现叶子两侧长着许多小细齿，用手轻轻一摸，这些小细齿非常锋利。他明白了，他的手就是被这些小细齿划破的。后来，鲁班又看到一条大蝗虫在啃吃叶子，两颗大板牙非常锋利，一开一合间就吃下一大片。他发现蝗虫的两颗牙齿上同样排列着许多小细齿，蝗虫正是靠这些小细齿来咬断草叶的。

这两件事给鲁班留下了极其深刻的印象，也使他受到很大启发，陷入了深深的思考。他想，如果把砍伐木头的工具做成齿状，不是同样会很锋利吗？于是他们立即下山，让铁匠们帮助制作带有小锯齿的铁片，然后到山上继续实践。鲁班和徒弟各拉一端，在一棵树上拉了起来，只见他俩一来一往，不一会儿就把树锯断了，又快又省力，锯就这样被发明出来了。

人生处处皆学问，许多事就像蒙着一张窗户纸。在没有捅破之前，你会愁眉不展，两眼茫然。当有人告诉你答案时，你会恍然大悟。人生需要感悟，有感悟的人生才能变得睿智，才能变得快乐而幸福，才能变得完美而无憾。

　　一个人具备的天赋和悟性如何，不在于他（她）年老或年少，而是在于他（她）对事物提出的见解。悟性越好的人，理解能力越强，创造力也会更高。由此可知，悟性就是我们每个人的深层次智慧；我们每个人都有悟性、灵感和才华，我们应该发现它、珍惜它，让它为我们的人生绽放光华。